S

S

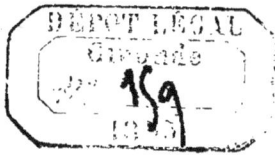

NOTES

DÉTACHÉES

SUR QUELQUES PLANTES

DE LA FLORE DE LA GIRONDE,

ET

DESCRIPTION

D'UNE ESPÈCE NOUVELLE D'**AVENA**;

PAR M. DURIEU DE MAISONNEUVE.

Ces Notes n'ont aucunement pour objet un supplément
à la flore de la Gironde, ni même l'énumération méthodi-
que des plantes ou localités nouvelles pour cette flore récemment observées dans les environs de Bordeaux. Une
pareille publication n'appartiendrait-elle pas de droit aux
botanistes qui, dès longtemps, s'occupent spécialement de
la flore de cette riche contrée, et qui ont déjà tant fait
pour en compléter le tableau, que le sentiment de mon
insuffisance m'interdirait encore une telle entreprise. En
effet, avant d'écrire avec quelque chance d'utilité sur la
flore d'un pays, faut-il d'abord le connaître, en avoir au
moins étudié les principales localités, avoir réuni une

1855

masse de matériaux et d'observations qui permettent de juger en connaissance de cause. C'est ce que je n'ai pu réaliser encore. Quelques promenades dirigées sur un petit nombre de points des environs immédiats de Bordeaux, trois voyages directs à la Teste, ne donnent point la connaissance du pays ; des explorations aussi bornées ne permettent pas d'embrasser l'ensemble de la végétation aquitanique et de se former une idée exacte de la distribution des plantes sur un sol déjà bien exploré par mes devanciers sans doute, mais dont certaines parties néanmoins n'ont pas encore été suffisamment étudiées.

Ce sont donc, ainsi que le titre de cet article l'annonce, de simples notes ou des observations isolées et sans lien entr'elles que je réunis ici. Elles se rapportent, en général, à des plantes que le hasard a mis sous mes yeux pendant la dernière saison, ainsi qu'à un petit nombre d'autres dont j'ai été conduit à parler en traitant des premières. Je prie les botanistes bordelais de regarder cet essai, moins comme un travail purement personnel, que comme un faible contingent offert à une œuvre qui ne m'appartient point. Je m'abstiendrai même de faire mention des acquisitions nouvelles dues aux recherches de cette année, lorsque des considérations particulières ne se lieront pas à l'inscription d'un nom nouveau. (1)

_____

(1) Ces Notes étaient terminées et prêtes à livrer à l'impression, lorsque j'ai eu la première connaissance d'une riche énumération de plantes du Sud-ouest, insérée dans le beau volume par lequel la Société des Sciences physiques et naturelles de Bordeaux vient d'inaugurer si brillamment le cours de ses publications. Le temps me manque pour vérifier s'il n'y aurait pas dans mon travail quelque rectification à faire dans ce que je puis avoir avancé sur la découverte récente de certaines plantes pour la flore de la Gironde. Si j'avais à mon insu commis quelque erreur à ce sujet, qu'on veuille

D'ailleurs, on attache généralement trop d'importance à
la découverte d'une plante nouvelle pour une flore locale. Il
semble qu'on fasse d'une telle découverte le dernier terme
de la science, et que du moment où une plante est signalée dans une localité où on ne la connaissait pas encore, il
ne reste plus rien à faire, quand, au contraire, c'est de ce
moment que l'étude et l'histoire de cette plante devraient
commencer. Pour certains botanistes, trouver une plante
c'est le but de la botanique; savoir son nom, c'en est le
dernier mot.

Trop souvent encore ces découvertes de localités nouvelles, très-rapprochées les unes des autres, restent sans
valeur comme fait de géographie botanique, surtout si l'explorateur n'a pas même embrassé l'ensemble d'une région
botanique bien caractérisée, et s'il s'est renfermé dans un
cercle arbitraire et très-borné, tel, par exemple, que les
limites d'un département. Ainsi, qu'une plante connue
dans le département des Landes jusques à ses limites sep-
tentrionales, n'ait pas encore été vue dans les parties limitrophes du département de la Gironde, et qu'on vienne enfin à l'y rencontrer, il peut y avoir pour l'auteur de la découverte une petite satisfaction d'amour-propre bien naturelle et bien légitime sans doute, mais on conçoit que le
fait par lui-même ne conserve en définitive qu'une importance scientifique bien minime. Un fait plus singulier et
dont les causes mériteraient d'être recherchées, ce serait,

___

bien n'y attacher aucune importance, au moins au point de vue de
la découverte; car, je le répète, je ne m'occupe point ici d'une manière spéciale de supplément ou d'additions à notre flore. Si donc je
cite des plantes nouvellement acquises à cette flore, il restera à con_
sulter l'énumération dont je viens de parler ou les additions antérieurement publiées, lorsqu'on voudra s'assurer de la date de la découverte et du nom de son auteur.

au contraire, si la plante en question n'existait pas dans la
localité contigüe à la première, et de même nature qu'elle.
Nous verrons bientôt que deux ou trois plantes fort intéressantes sont pour nous dans ce cas, peut-être. Quant à celles-ci, on ne saurait se livrer à trop de recherches, afin de
les découvrir sur notre sol, car, si on parvenait à s'assurer
que réellement elles n'y vivent point, leur absence, en
effet, semblerait inexplicable.

En étudiant notre flore, il est bon aussi de se tenir en
garde contre les erreurs où peut facilement nous entraîner
l'apparition d'espèces étrangères au territoire de la Gironde. Je ne parle point des plantes purement exotiques
que le hasard peut faire naître aux abords du port de Bordeaux, celles-ci ne sauraient tromper personne. Mais dans ce
port, qui a des relations partout, une foule de circonstances diverses peuvent favoriser l'arrivée et la dispersion des
graines de plantes indigènes ou européennes que nous ne
possédons pas, en même temps que la Garonne dépose in-
cessamment sur ses rives des graines de plantes sous-py-
rénéennes entraînées par ses eaux. Il est peu d'années où
les botanistes bordelais ne voient apparaître quelques-unes
de ces visiteuses étrangères; mais il est bien rare aussi
qu'elles se décident à se fixer chez nous. La plupart dispa-
raissent bientôt des lieux où elles se sont montrées une
première fois, ou ne s'y maintiennent que dans un espace
très-circonscrit, sans gagner du terrain; quand, au contraire, un petit nombre d'autres s'emparent du sol avec
une puissance toujours croissante, se propagent rapidement
et s'étendent au loin. Ces dernières acquièrent seules le
droit d'admission dans une flore locale, quand leur naturalisation est complète, bien constatée et déjà ancienne. Les
premières n'appartiennent à aucun titre à la flore du pays
et doivent être mentionnées à part.

Un des plus remarquables exemples de naturalisation qu'on puisse citer , nous est offert par ce curieux *Panicum* qui , parti de Bordeaux où il fut apporté à une époque qui n'est pas encore bien précisée , mais qui ne paraît pas fort ancienne , s'est propagé avec une incroyable rapidité, par la Garonne et ses affluents , dans toutes les vallées du sud-ouest de la France et jusques au cœur des Pyrénées , prenant possession du terrain partout où il trouve ses conditions d'existence et chassant les autres graminées qui l'occupaient avant lui. Répandue dans les deux Amériques et dans toute l'Asie intertropicale , observée dans l'Afrique australe et jusques à la Nouvelle-Hollande cette plante , comme la plupart de celles dont la géographie est très-étendue , a été décrite séparément et sous des noms divers par une foule d'auteurs. Le nombre de ses synonymes, certains, probables ou douteux , est effrayant ; aussi le choix du nom qu'elle doit définitivement porter n'a pas été toujours facile. L'incertitude a cessé depuis que le regrettable Emile Desvaux a montré que le nom le plus ancien qu'elle ait reçu , par conséquent le seul admissible , est celui de *Paspalum vaginatum* que lui imposa Swartz en 1795 (*Fl. Ind. occ.* I, p. 135). Notre plante sera donc en définitive : *Panicum vaginatum* Sw. (sub Paspalo).

Puisque j'ai mentionné le fait si remarquable de la rapide et complète naturalisation du *Panicum vaginatum* dans le sud-ouest de la France , on voudra bien me pardonner si je prolonge encore cette digression en donnant quelques détails sur une autre graminée , d'origine étrangère comme la première , et destinée , je crois , à jouer dans certaines contrées de la France, si ce n'est dans toutes, un rôle aussi intéressant et peut-être plus utile. Le champ de sa naturalisation est encore fort limité sans doute , mais cette naturalisation est si franche, si décidée, si complète aux lieux où elle s'est manifestée, qu'elle ne peut manquer de s'étendre dans des sites analogues, partout où les graines de la plante réussiront à pénétrer, surtout si la main de l'homme vient aider à leur dissémination.

C'est le 21 Mai 1849, dans les parties basses et marécageuses du bois de Meudon, que je vis pour la première fois cette graminée. Elle croissait en telle abondance et paraissait si bien chez elle dans cette localité, que je ne soupçonnai pas, je l'avoue, son origine étrangère. Mais elle m'intrigua beaucoup d'abord ; aussi mon premier soin fut-il d'en rassembler une forte provision. Néanmoins, comme à cette époque elle était encore peu développée, que ses panicules commençaient à peine à se dégager de la gaîne supérieure, je me contentai de choisir trois ou quatre chaumes parmi les plus avancés, me promettant bien de revenir plus tard recueillir la plante en fleur et en fruit, et de l'étudier dans le cabinet. Cependant, trois années s'écoulèrent sans que je revinsse visiter les mêmes lieux en saison favorable, et ce fut seulement au bout de ce temps que les jeunes échantillons de 1849, ayant de nouveau passé sous mes yeux, furent soumis à l'analyse. Dès le premier examen, je reconnus que ma graminée n'était pas un *Poa* litigieux comme je l'avais supposé dans le principe, mais bien un *Glyceria* qui ne ressemblait à aucune de nos espèces françaises. Les recherches que je fis immédiatement dans les livres me conduisirent bientôt au *Glyceria remota* Fries, plante du nord de l'Europe, dont la présence au cœur de la France était déjà assez surprenante. Or, un échantillon type de *G. remota*, étudié chez M. Puel dans l'*Herbarium normale* de Fries, me prouva que la plante de Meudon, bien que voisine de la plante scandinave en était néanmoins très-distincte. Malgré l'invraisemblance de l'existence aux portes même de Paris d'une grande plante phanérogame réellement

nouvelle, je dus croire un moment à la réalité de ce fait
étrange. Mais lorsque je voulus m'occuper d'une description
et qu'à cet effet je comparai mon *Glyceria* à toutes les espèces
du genre, tant du nouveau que de l'ancien monde, je ne tar-
dai pas à constater son identité avec le *Poa striata* Michx.,
devenu un *Glyceria* pour les auteurs modernes. Dès lors, il
ne restait plus que le fait de naturalisation, et toutes les recherches que j'ai faites pour remonter à son origine ont
été sans résultat et ne m'ont procuré aucun éclaircissement ;
de sorte que je ne saurais dire si cette naturalisation est due
au hasard ou à la main d'un amateur.

MM. Weddel et Balansa, chacun de leur côté et par hasard également, retrouvèrent ensuite la même plante, et
maintenant son premier centre de naturalisation est bien
connu des botanistes parisiens. M. Weddel la regardait
comme le *Poa costata* Schum., trompé par une fausse détermination de M. Anderson, alors à Paris, qui donna
ce nom sur un simple coup d'œil et sans doute par erreur
de mémoire. Le *Poa costata* Schum., d'après la description de l'auteur, est à coup sûr une plante fort différente.
D'ailleurs ce n'est pas un *Glyceria* mais un vrai *Poa*, lequel
même, d'après Rœper (*Fl. Meckl.* II, p. 223), ne serait
qu'une simple variété du *compressa*.

Le nom spécifique de *nervata*, imposé par Willdenow,
ayant l'antériorité sur tous ceux qu'a reçus notre graminée,
doit seul lui être conservé. Voici du reste sa synonymie :

GLYCERIA NERVATA Trin. in *Act. Petrop.* Ser. IV. *Math.
Phys.* I, p. 36. — Steud. *Syn. Glum.* p. 285.

G. *Michauxii* Kth. *Gram.* I, p. 383, tab. 85. — *Enum.
Pl.* I, p. 367 et *Suppl.* p. 304.

Poa nervata Willd. *Spec.* I, p. 389 (1797).

P. striata Michx. *Flor. Bor. Am.* I, p. 69 (1803). —

non Lamk. (*Poa striata* Lamk. *Ill.* I , p. 183 [1783] =
P. Lamarkii Kth. *Enum.* I , p. 362) — non Thbg.
P. parviflora Pursh, in herb. Michx.

C'est des Etats-Unis d'Amérique (Virginie , Pensylvanie,
etc.) , que le *Glyceria nervata* est originaire , et il n'est pas
à ma connaissance qu'on l'ait indiqué ailleurs. Je n'ai rien à
ajouter à l'excellente description de Kunth (voyez *Suppl.* p.
304) ; je noterai seulement une particularité de minime importance qu'on remarque sur la plante de Meudon et qui ne
se retrouve sur aucun des échantillons assez nombreux et de
localités diverses conservés au Muséum dans l'herbier de
Michaux : c'est que, dans la plante naturalisée , les rameaux
inférieurs de la panicule prennent naissance à l'aisselle d'une
feuille rudimentaire réduite à une sorte d'*ochrea* très-courte
que termine une languette longue de quelques millimètres ,
représentant l'une la gaîne , l'autre le limbe de la feuille. Je
noterai encore que les gaînes des deux ou trois feuilles inférieures se colorent à l'état de vie de pourpre violacé assez
intense. Cette coloration est particulière aux gaînes inférieures et n'atteint point celles qui les surmontent.

Il ne me semble pas douteux que le *Glyceria nervata* ne
soit susceptible d'une large naturalisation en France , là où
il trouvera des marais à sa convenance. Ce sont des marais
boisés qu'il s'est approprié à Meudon ; mais peut-être l'ombre
des bois ou des broussailles ne lui est-elle point indispensable et prospérerait-il également dans des marais découverts.
On connaît la mauvaise qualité du pacage que fournissent
en général de tels lieux. Si on parvenait à substituer aux
joncs et aux *Carex* qui les remplissent, une plante qui don-
nerait un fourrage excellent, on rendrait , je crois , un bon
service au pays en introduisant un végétal utile dans ses
marais nuisibles ou improductifs. Je ne connais pas encore

assez le département pour indiquer des localités propres à cette naturalisation, mais il en recèle sans doute de nombreuses. Tout ce que je puis dire, c'est que j'ai remarqué à Lamothe, sur le chemin de la Teste, des marais boisés qui semblent choisis pour cet objet, et où le succès, je crois, serait assuré. Pour moi, je ne laisserai échapper aucune occasion de répandre, là ou ailleurs, les premiers germes du *Glyceria*.

Je passe maintenant aux plantes qui font plus particulièment l'objet de ces Notes.

Je ne m'occuperai pas dans ce premier article de cryptogames inférieures. J'ai eu peu d'occasions d'en observer cette année, et d'ailleurs, la sécheresse extrême du printemps et d'une partie de l'été n'a guère permis de se livrer à ce genre de recherches. Si pourtant j'entre dans quelques détails au sujet de deux petites espèces de champignons parasites, c'est que leur présence, ou peut-être leur apparition nouvelle ne m'a pas paru sans analogie avec l'invasion de l'*Erysiphe* de la vigne.

C'est surtout pour ces végétaux inférieurs que des additions isolées ou partielles à une flore locale sont dépourvues d'intérêt. En quoi profite à la science l'annonce d'un *Uredo* ou d'un *Botrytis* non inscrits encore sur le catalogue des plantes d'un pays très-borné? Le nombre de ces végétaux microscopiques est immense, et leur distribution géographique n'étant point limitée comme celle des phanérogames, la plupart peuvent se rencontrer à peu près partout, là au moins où se trouvent momentanément réunies les conditions météorologiques et autres indispensables à leur développement éphémère. On sait donc à l'avance qu'ils existent ou peuvent exister dans le pays, bien qu'on ne les y ait pas encore aperçus. Une énumération étendue et raisonnée, une monographie soigneusement élaborée ou mieux encore des observations qui auraient suivi ces petits êtres dans leurs évolutions variées, dans toutes les phases de leur courte existence, offriraient à coup sûr plus d'intérêt que des additions isolées, et serviraient plus utilement la science.

D'ailleurs, au lieu de nous efforcer d'accroître encore le nombre des cryptogames inférieures, c'est, au contraire, à sa réduction que désormais doivent tendre toutes nos recherches. C'est ainsi seulement que nous parviendrons à sortir d'une confusion de noms, d'un dédale de synonymes où nul bientôt n'eût pu se reconnaître. Grâce à de récents et admirables travaux, la mycologie entre enfin dans une phase nouvelle, et le moment est venu de travailler à la simplifier. Une vive lumière a jailli au milieu du chaos, et si elle ne nous éclaire pas encore complètement, au moins nous indique-t-elle clairement la voie que nous devons suivre. Les belles recherches de M. Tulasne ont montré et mis hors de doute que la plupart des cryptogames parasites possèdent jusques à trois modes de reproduction, représentés par trois états différents de la même plante et décrits par les auteurs comme espèces de genres distincts. Ainsi, ce n'est plus le nom d'un *Uredo* que nous rencontrons pour la première fois qu'il importe le plus de constater, mais bien de quel *Puccinia*. de quel *Phragmidium* cet *Uredo* est la forme première. Au lieu de travailler péniblement, et le plus souvent sans succès, à la détermination d'une hypoxylée microscopique qui ne nous a présenté que des stylospores, recherchons plutôt à quelle forme thécasporée plus parfaite doivent être rapportés le *Phoma*, le *Septoria*, etc. que nous avons sous les yeux. Tout devient sujet de recherches intéressantes sur ce terrain tout neuf. C'est un monde d'observations nouvelles qui s'ouvre devant nous, et ce n'est pas trop des efforts réunis de tous les observateurs pour

commencer la reconstruction de l'édifice de la mycologie,
prêt à s'écrouler sous le poids des matériaux inutiles dont
on l'avait surchargé.

Un pareil sujet d'observation et d'étude est bien digne de
fixer l'attention des naturalistes, et s'il en était parmi eux
qui craignissent de rabaisser la science en se livrant à de
pareilles recherches, qu'ils veuillent bien lire et méditer ces
belles paroles que le savant académicien, le philosophe vrai-
ment sage, vient d'inscrire dans les prolégomènes de son
dernier Mémoire : « Si, comme on n'en saurait douter, il
» n'est point d'être au monde si petit, si obscur qu'il soit,
» qui n'ait sa place marquée parmi les créatures, et un rôle
» défini à remplir, puisqu'il a été appelé à la vie, l'homme,
» interprète de toute la nature, ne fait pas un vain usage
» de ses facultés quand il les applique à l'examen de tels
» objets. »

ALGUES.—Cette vaste et admirable classe de végétaux est
devenue, pour ainsi dire, un monde nouveau. L'Allemagne,
l'Angleterre, la Suède, l'Italie, la France surtout, nous
montrent des savants de premier ordre livrés à peu près exclusivement à l'étude de cette belle branche de la botanique,
devenue une science à part. Leurs travaux nous révèlent
chaque jour de nouveaux faits, de nouvelles merveilles, car
le champ est immense et à peine exploré. Dans la plupart
des flores, l'algologie est tout entière à reconstruire sur de
nouvelles bases, avec de nouveaux matériaux. Or, nous avons
l'espoir que notre province sera l'une des premières, si ce
n'est la première à posséder une histoire des Algues de son
territoire, au niveau de tout ce qu'on sait, de tout ce qui
a été fait sur la matière. Mon excellent collègue, M. G. Lespinasse, muni en livres d'algologie, en collections accréditées, en instruments amplifiants, de tous les éléments d'é-
tude désirables, a déjà rassemblé dans ce but de nombreux

matériaux, tous décrits par lui sur le frais, tous habilement figurés et accompagnés d'analyses correctes dessinées à la chambre claire sous les verres puissants du microscope de l'habile, je puis même déjà dire du célèbre opticien Nachet.

LICHENS.—Je ne pense pas que notre flore lichénographique soit destinée à s'enrichir jamais d'importantes additions. Un pays généralement plat, sablonneux, sans rochers, où le pin maritime est l'arbre dominant, est loin d'être favorable à la production abondante et variée de ces végétaux. Les recherches faites en commun cette année ont bien abouti à la découverte de quelques chétives espèces, négligées jusqu'alors, mais ce sont généralement des acquisitions sans importance, au moins comme raretés.

Toutefois, je crois devoir mentionner une production lichénoïde (je n'ose dire un lichen normal) assez fréquente dans nos environs, et qui présente la singulière particularité de croître exclusivement sur le *Frullania dilatata*, lorsque cette hépatique s'est elle-même développée sur les vieux troncs d'arbres. Ce lichen ambigu, admis par de savants lichénographes dans les lichens gymnocarpes, et regardé par eux comme un *Pannaria* ou plutôt comme un état atypique du *P. plumbea* ou du *P. rubiginosa*, classé par d'autres lichénographes non moins éclairés parmi les lichens angiocarpes, soit comme un *Verrucaria*, soit comme un *Endocarpon*, est connu depuis longtemps; il est figuré sous le nom de *Lichen Jungermanniæ* dans le *Flora Danica* (tab. 1063, fig. 1). Delise le premier en fit un genre qu'il dédia à son compatriote Lenormand, et notre plante devint le *Lenormandia Jungermaniae*. Ce serait aussi, sauf quelques doutes que je ne suis pas en mesure de lever ici : *Verrucaria pulchella* Borr. et *Endocarpon pulchellum* Hook. Je signale cette petite plante aux botanistes bordelais, afin

qu'ils ne se lassent point de rechercher si elle ne leur présente pas quelques indices de fructification ; car, l'extrême
divergence d'opinion que je viens de noter se fonde précisément sur ce que des périthèces parfaitement normaux ayant
été vus enchâssés dans l'épaisseur des petites feuilles arron-
dies qui constituent le thalle du *Lenormandia*, ont été con-
sidérés par les uns comme des périthèces de *Verrucaria* ou
d'*Endocarpon*, c'est-à-dire, comme la fructification de la
plante elle-même, et par d'autres, comme une sphérie parasite, étrangère au lichen. Le Rév. Leighton partage la première opinion ; il a figuré la fructification présumée de la
plante dans son splendide livre sur les Lichens angiocarpes
de la Grande-Bretagne (Pl. III, fig. 1 : *Endocarpon pulchellum* Borr.), tandis que notre Tulasne ne croit qu'à une
sphérie parasite qu'il nomme *Sphæria Borreri*. Ces fruc-
tifications normales ou cette sphérie n'ont été, que je sache,
observées que très-rarement et par bien peu de lichénographes. On conçoit que si ces organes venaient à être retrou-
vés en certaine quantité, de manière à fournir le sujet de
nombreuses observations, il en pourrait résulter cette fois, la
solution d'une question fort curieuse, l'une des plus con-
troversées de la lichénographie européenne.

PERONOSPORA PEPLI. — Pendant l'été de 1852, je remarquai un jour dans mon jardin, à Paris, un pied d'*Euphorbia
Peplus* dont la tige, les rameaux et quelques feuilles étaient
attaqués par une mucédinée analogue au *Botrytis parasi-
tica* Pers. (*Peronospora* Corda), si fréquent sur le séneçon
commun. L'euphorbe abondait dans ce jardin très-négligé,
et pourtant les recherches auxquelles je me livrai dans le
but d'étudier la mucédinée sur un plus grand nombre d'individus, n'aboutirent qu'à la découverte d'un ou deux autres pieds infectés. L'année suivante, dès le mois de Juin,
l'envahissement devint général ; le plus grand nombre des

Peplus du jardin furent plus ou moins atteints : il fallait chercher longtemps avant de rencontrer un pied qui eût échappé au parasite. L'euphorbe ne paraissait pas souffrir notablement de la présence de celui-ci ; son développement en était seulement un peu contrarié ; les tiges et les rameaux attaqués se contournaient sensiblement, mais les graines mûrissaient encore, au moins celles des premières capsules, et ce n'est que plus tard, lorsque le champignon avait par ses organes ento-épiphytes épuisé en partie les sucs de la plante mère, que celle-ci prenait une apparence maladive et cessait de mener à bien ses fruits. L'*Euphorbia Helioscopia* et quelques espèces du même genre, tant annuelles que vivaces, cultivées dans ce même jardin, restèrent parfaitement pures. Il était évident que le champignon qui venait ainsi s'emparer de l'*E. Peplus* était particulier à cette plante et ne s'attachait qu'à elle. La coïncidence de cet envahissement du *Peplus* avec l'invasion toujours croissante de l'*Erysiphe* de la vigne me parut digne de remarque ; toutefois, je m'empresse de le déclarer, alors comme aujourd'hui le rapprochement de ces faits ne m'a fourni aucune lumière sur les causes mystérieuses de l'apparition et de l'extension rapide du parasite dévastateur qui en ce moment étend ses ravages sur presque toutes les vignes de l'ancien monde. Je me borne donc ici à la simple constatation d'un fait, qui prendra place à côté d'autres faits analogues observés en assez grand nombre dans ces derniers temps.

L'observation faite en 1852 et pendant l'été de 1853, dans mon jardin de Paris, s'est reproduite dans des circonstances tout-à-fait identiques dans mon jardin de Bordeaux, c'est-à-dire que, dès la prise de possession de ce jardin, en Septembre 1853, examinant les *Peplus* qui y abondaient de même, je reconnus qu'un très-petit nombre seulement étaient frappés, tandis que cette année ils l'ont été à peu près tous.

Si l'*E. Peplus* était une plante utile, qu'elle fût cultivée avec avantage pour ses produits, ne se préoccuperait-on pas vivement de son état pathologique actuel? Et pourtant, qui oserait avancer que l'existence de cette plante insignifiante soit sérieusement menacée par le mal qui sévit sur elle aujourd'hui?

La mucédinée de l'*E. Peplus* appartient au *Peronospora* Corda, genre dont les savantes et habiles recherches de M. Tulasne viennent de nous dévoiler la singulière organisation. (Voyez *Comptes rendus des Séances de l'Académie des Sciences*, XXXVIII, séance du 26 Juin 1854.) Je ne possède en nature, ni ne connais aucune des espèces récemment rapportées à ce genre, aussi n'essaierai-je point de donner une description quelconque de celle qui s'attache au *Peplus*, description qui ne saurait avoir d'exactitude et de valeur, qu'autant qu'elle serait comparative. D'ailleurs, j'ai éprouvé de grandes difficultés dans l'examen des spores entophytes de ce *Peronospora*. Le suc propre de l'euphorbe, inondant et obscurcissant le champ du microscope, s'oppose à l'observation directe de ces spores, et il est encore plus difficile de les isoler en les recherchant dans les tiges desséchées de la plante.

Des taches d'un brun rouge, éparses, rapprochées ou confluentes, à la fin un peu boursoufflées, indiquent d'abord les points occupés par le champignon dans l'intérieur des tiges et des rameaux. Plus tard, les filaments externes se manifestent. Clair-semés dans le principe, ils se condensent bientôt, puis enfin ils s'affaissent sous l'influence de l'humidité, constituant, après l'évaporation, une sorte de membrane feutrée qui revêt les parties attaquées. Ces filaments se montrent également sur les feuilles, dont ils tapissent quelquefois la surface inférieure. Là, ils ne reposent point sur une tache rougeâtre : on les dirait exclusivement épiphytes, et les feuilles ne paraissent avoir subi aucune altération.

Ainsi que je viens de le dire, les matériaux me manquent pour me permettre de rechercher par des études comparatives si ce *Peronospora* est réellement nouveau. Je suis assez porté à le supposer tel *à priori*, car, parmi les espèces de ce genre, dont les citations ont passé sous mes yeux, je n'en ai point remarqué d'indiquées sur l'*E. Peplus;* or, je viens de montrer que tout porte à considérer notre mucédinée comme particulière à cet euphorbe, et que l'invasion du parasite semble toute récente, au moins dans les proportions excessives que nous lui voyons atteindre aujourd'hui. Qu'on veuille bien, d'ailleurs, regarder simplement comme provisoire ce nom de *Peronospora Pepli*, proposé sous toutes réserves, et que je m'empresserais de rayer de la nomenclature mycologique dès que j'aurais acquis la certitude que le champignon qu'il désigne ici provisoirement, est déjà inscrit ailleurs.

ERYSIPHE COMMUNIS Link.— Lév. (*Statices Limonii*). Lorsque, l'été dernier, je rencontrai dans les prés salés du Teich, le *Statice Limonium* abondamment couvert d'un *Erysiphe* parfaitement développé et parsemé de périthèces, le fait me parut intéressant et tout nouveau, car je me rappelais que jamais aucun parasite de ce genre n'avait été signalé sur une plante de la famille des Plumbaginées. Les recherches que je fis immédiatement me confirmèrent d'abord dans cette opinion.

La détermination rigoureuse d'un *Erysiphe* étant impossible sans l'analyse microscopique, il était assez naturel de supposer que l'étude de celui que je venais de trouver dans des conditions toutes nouvelles, me révèlerait aussi une espèce nouvelle, à laquelle je réservais déjà le nom de *salsu-*

ginosa. Il n'en a point été ainsi. J'ai été bientôt conduit, au contraire, à ne voir dans le parasite du *Statice Limonium* qu'un *Erysiphe communis* normal, en tout semblable à la forme qu'il revêt sur le *Convolvulus arvensis*. Le fait n'en est pas moins intéressant à noter, à cause de l'abondance excessive avec laquelle cet *Erysiphe* s'est montré cette année sur le *Limonium*. Les individus très-vigoureux de la Plumbaginée en étaient à peu près exempts, il est vrai, mais les pieds chétifs, rabougris, ceux surtout que leur apauvrissement avait empêché de fleurir, en étaient généralement atteints et blanchis. Or, il me semble que si cet *Erysiphe* s'était montré chaque année avec une pareille profusion sur le *Statice Limonium*, à coup sûr il eût été fréquemment remarqué par les botanistes explorateurs, et il n'eût certes pas échappé aux recherches de M. Chantelat qui a exploré avec tant de zèle et de succès le territoire de la Teste. L'apparition en grande abondance d'un *Erysiphe* sur des plantes que ce parasite semblait avoir toujours respectées, se rattacherait-elle aux mêmes causes qui ont couvert dans ces derniers témps l'*Euphorbia Peplus* de *Peronospora* et qui nous ont apporté le fléau de la vigne ?

On voit qu'il ne sera pas sans intérêt de chercher à s'assurer, l'été prochain et les années suivantes, du rôle que joueront la cryptogame du *Peplus* et celle du *Limonium*, d'observer avec attention leur degré de fréquence, leur absence temporaire ou leur disparition.

Il ne faut pas considérer comme absolument nouveau le fait de la présence d'un *Erysiphe* sur une Plumbaginée. J'ai fini par découvrir, perdue au milieu d'une longue énumération de localités, la citation de l'existence de ce même *Erysiphe communis* sur le *Statice Gmelini* Willd., en Crimée près Sébastopol. C'est à M. le D.ʳ Léveillé qu'est due cette découverte. En la mentionnant dans sa monographie des

2

Erysiphe (*Ann. Sc. nat.* 3.ᵉ sér. XV), il ajoute que c'est le seul exemple connu d'un *Erysiphe* sur une Plumbaginée. On remarquera en outre que le *Statice Gmelini* est extrêmement voisin du *Statice Limonium*.

MOUSSES et HÉPATIQUES. — Les causes que j'assignais précédemment à la pauvreté de la flore lichénographique de la Gironde expliquent également la médiocrité de nos richesses en Hépatiques et en Mousses pleurocarpes. En revanche, la nature du pays est extrêmement favorable à la production des Mousses acrocarpes ; aussi la prédominance de celles-ci sur les premières est-elle très-marquée. C'est en se livrant à la recherche des Mousses acrocarpes de petite taille qu'on aura la chance d'accroître encore de quelques espèces notre flore bryographique. On en doit déjà à M. Testas un certain nombre, qu'il observa le premier autour de Bordeaux. M. Lespinasse et moi avons aussi reconnu le long des berges des chemins creux si fréquents sur les coteaux de la rive droite, des *Tortula* et des *Phascum* négligés jusqu'ici, plantes qui du reste ne pouvaient guère manquer dans les environs, tandis qu'il est permis d'espérer que nos landes et les sables humides de la rive gauche, nous donneront la plupart des espèces sous pyrénéennes découvertes par M. Spruce, dans les vallées des Basses Pyrénées et les plaines des Landes. La recherche de ces dernières espèces devrait surtout avoir pour but la fixation de leur limite septentrionale.

ISOETES HYSTRIX. — Une des plantes les plus intéressantes à rechercher dans la Gironde, et qu'on finira probablement par y rencontrer, ainsi que dans les départements maritimes limitrophes, c'est l'*Isoetes Hystrix*, espèce terrestre qui se fait remarquer et reconnaître par les appendices cornés qui bordent la base de ses frondes, et qui, persistant après la destruction de celles-ci, donnent à la souche l'aspect d'un petit hérisson. Ces appendices (*phyllopodes* Al.

Braun) sont, il est vrai, très-variables; ils peuvent même s'oblitérer jusqu'au point de se réduire à deux ou trois dents fort courtes, notamment dans les lieux humides et herbeux ; mais on en retrouve toujours la trace, et ce caractère, absolument étranger aux espèces aquatiques et palustres, joint à celui que présentent les spores, plus régulièrement sphériques et plus finement tuberculeuses que dans d'autres espèces, l'*habitat* terrestre surtout, feront reconnaître aussitôt celle-ci, du botaniste que le hasard favorisera le premier.

D'après les indications que j'avais fournies sur la manière de procéder à sa recherche, cette curieuse plante a été successivement retrouvée sur divers points du littoral de la Méditerranée et de l'Océan hispanique, par MM. Requien, Balansa, Bourgeau, Lange, etc. Feu l'abbé Delalande la découvrit aussi, il y a quelques années, à l'île d'Houat, et M. Lloyd à Belle-Ile-en-Mer; car la plante que ce savant botaniste nomma *Isoetes Delalandei*, avant d'avoir vu des échantillons de l'*Isoetes*, primitivement découvert en Algérie, est complètement identique avec l'*Hystrix*. On peut donc suivre cette espèce, par la Méditerranée, depuis les côtes de l'Asie mineure jusques en Bretagne, sauf de longues solutions de continuité où elle n'a pas été recherchée. En présence d'une géographie si nettement caractérisée, ne doit-on pas supposer que l'*Isoetes Hystrix* se cache sur quelques points encore peu visités de notre littoral? Il est vrai que M. Chantelat dont l'attention est depuis longtemps éveillée sur cette plante, et qui l'a cherchée avec le soin et la sagacité qu'on lui connaît, dans les environs de la Teste, n'a pu parvenir encore à l'y découvrir; ce qui, du reste me surprend peu, car la localité si bien explorée par M. Chantelat est loin d'être favorable à la production de l'*Isoetes*. Il aime le voisinage de la mer, sans doute, bien que je l'aie rencontré quelquefois à plus de 100 kilomètres du rivage, mais non pas les terrains salés comme le sont généralement les prés de la plaine de la Teste.

Je parlerai dans un second article de l'*Isoetes* de l'étang de Cazau.

Marsilia. — Pilularia. — Le *Marsilia quadrifolia* L. est encore une de ces plantes dont on s'explique difficilement l'absence dans la Gironde, où abondent pourtant les sites qu'elle affectionne. Elle existe dans le département des Landes; on la récolte en quantité sur plusieurs points de la Vendée et de la Bretagne, comment se fait-il qu'elle franchisse le territoire entier du département sans laisser de traces autour de nos étangs ou des innombrables mares de nos landes? Je sais que cette plante a été bien cherchée, qu'elle est de celles qui échappent rarement à l'œil d'un botaniste exercé; il reste donc peu d'espoir, j'en conviens, de la découvrir chez nous. Toutefois, il ne faut pas désespérer encore. Nous n'avons pas tout exploré, tout vu dans notre Gironde, et il peut bien arriver qu'un jour le *Marsilia* se présente inopinément au botaniste qui n'aura pas reculé devant les rudes herborisations du pourtour des grands étangs. Qu'on se rappelle ce qui est arrivé pour le *Pilularia*, cette autre Marsiliacée dont on a si longtemps ignoré la présence dans le cercle de la flore girondine, et qui n'y a fait son apparition que dans la troisième édition de la Flore Bordelaise? A cette époque même, la pilulaire était encore regardée comme très-rare, et on ne la connaissait que dans l'unique localité où notre honorable président l'avait découverte et signalée. Sans le hasard de cette première rencontre, peut-on savoir combien d'années se seraient encore écoulées avant que la pilulaire fût inscrite au nombre des richesses de notre flore? Et pourtant, je ne pense pas qu'on doive encore la qualifier de plante rare, car je l'ai rencontrée en telle abondance entre Facture et Lamothe,

dans les marais, les fossés et les mares, à droite et à gauche de la route de poste, que je me crois fondé à supposer
qu'on la trouverait aussi communément dans les sites analogues de nos landes. De même que le *Marsilia*, la pilulaire
paraît indifférente sur la nature du terrain ; elle croît également sur les limons argileux, siliceux ou calcaires.

Puisque je viens de nommer la pilulaire de nos contrées,
Pilularia globulifera L., l'unique espèce du genre jusques
à ces dernières années, qu'on veuille bien me permettre de
faire mention en même temps, mais seulement au point de
vue horticole, d'une seconde espèce, bien plus petite que
la première et extrêmement jolie. Je l'ai figurée dans l'ouvrage d'Algérie (pl. 38, fig. 1), sous le nom de *Pilularia
minuta*, d'après les dessins, les analyses et la description
que je dois à la bienveillance du savant professeur Al. Braun.

Eh bien, c'est cette toute petite plante que je crois appelée à remplir un rôle fort intéressant dans les serres à toute
température, comme gazon fin et délicat. J'ajouterai même
que pour moi la question est déjà résolue : il ne resterait
plus que des essais à faire pour l'application en grand dans
les serres.

Déjà, il y a peu d'années, M. Al. Braun avait semé avec
pleine réussite, le *Pilularia minuta* au moyen de quelques
sporanges mûrs que je lui avais envoyés. Il n'avait obtenu
la germination que d'une seule spore, mais cette spore germante, plantée avec soin par l'habile expérimentateur, au
centre d'une terrine de 50 centimètres de diamètre, en couvrit en entier tout le champ d'un gazon fin et serré, dans
l'espace de deux mois et demi. A peu près vers la même
époque, j'avais aussi essayé de cultiver cette miniature à
Paris, dans le petit jardin où j'élevais les plantes algériennes qu'il m'était le plus nécessaire d'étudier vivantes. J'eus
deux germinations qui furent plantées dans un pot à fleurs

ordinaire, plongé dans un autre plus grand rempli d'eau.
Les rhizômes ne tardèrent pas à s'étendre en se ramifiant en
tous sens, avec une incroyable activité de végétation ; mais je
ne pus parvenir à conserver ma précieuse culture. En éta-
blissant mon appareil à découvert sur une terrasse au midi,
j'avais disposé de véritables thermes pour les moineaux du
voisinage, et il n'y eut ni piége ni épouvantail qui pussent
les empêcher d'y prendre leurs ébats. C'est dire que la jeune
plante ne tarda pas à disparaître.

Cette année le semis a été recommencé à Bordeaux dans
de meilleures conditions. J'ai obtenu sept germinations de
spores tirées de mes récoltes de 1844 et âgées par conséquent de 10 ans. Les sept germinations ont été plantées
dans un pareil nombre de terrines de grandeurs diverses,
plongées dans l'eau jusques au bord. Les plus petites terrines ont été bientôt remplies par la pilulaire, puis complètement obstruées, de telle sorte que les produits se sont montrés d'autant plus beaux et vigoureux que les terrines étaient
plus larges. La plus grande a donné des résultats superbes
et pourtant était-elle encore de beaucoup trop étroite pour
loger les innombrables expansions produites dans l'espace de
trois mois par le développement d'une seule spore. Les rhizômes mille fois ramifiés, après s'être entre-croisés dans
tous les sens, se sont ensuite plusieurs fois recouverts, for-
mant ainsi un plexus inextricable d'un centimètre environ
d'épaisseur. Je reste probablement au-dessous de la vérité
en estimant que le produit d'une spore couvrirait, au bout
de quelques mois, d'un gazon serré et continu, une super-
ficie d'un mètre carré.

Je ne connais pas et je ne crois pas qu'il existe un gazon
comparable à celui de la petite pilulaire pour la finesse,
l'épaisseur, l'invariable uniformité de hauteur des brins qui
le composent. Lorsque la plante a couvert le sol de ses rhi-

zômes plusieurs fois entrelacés, le gazon est alors si dru, qu'il résiste à la main comme la brosse la plus fournie. Les feuilles menues et aciculaires dont il est formé, hautes de 3 à 4 centimètres, s'élèvent régulièrement au même niveau. C'est une prairie courte, touffue et nivelée : c'est un tapis de billard. En outre, on peut trancher ce gazon avec une netteté parfaite ; ses bords se prêteraient avec une régularité géométrique à toutes les figures qu'on voudrait leur donner.

C'est principalement dans les serres que les gazons de pilulaire me semblent avoir leur place marquée; ils y pourraient former, autour des bassins, de délicieuses bordures du vert le plus frais, ou bien de petites prairies isolées dont on arrêterait les contours à volonté. Seulement, il serait indispensable que le sol de ces prairies fût correctement nivelé, afin d'obtenir l'uniformité de végétation, de vigueur et de nuance. Il est nécessaire également que les racines plongent dans une terre constamment imbibée d'eau, sans en être inondée. Cet effet serait sans doute facile à obtenir au pourtour des bassins, mais s'il s'agissait d'établir des gazons isolés, il resterait à imaginer un procédé ou un appareil qui déterminât une infiltration ascendante, uniforme et continue dans la terre où plongeraient les racines de la pilulaire.

J'ignore encore quelle serait la durée de ce gazon dans les serres : l'expérience l'apprendra. S'il ne conservait sa fraîcheur que pendant une année, on trouverait la compensation de cette courte durée dans la facilité d'un prompt renouvellement. Peut-être aussi le gazon se renouvellerait-il lui-même par de nouvelles germinations.

Bien que l'expérience de cette année me semble concluante, elle ne suffit pas néanmoins pour me permettre de proposer un procédé de culture suffisamment éprouvé. Voici néanmoins quelques données qui serviront peut-être à faciliter les premiers essais.

La petite pilulaire fut rencontrée deux fois près d'Oran : d'abord sur un limon argilo-calcaire, et ensuite sur un limon formé de calcaire et d'humus. Je l'ai cultivée ici dans un mélange composé d'un tiers de limon argileux très-peu calcaire, et de deux tiers de terre de bruyère qui ne l'est pas du tout. Les spores furent semées à part, dans l'eau pure, à la fin de Mai seulement, parce que j'opérais à l'air libre, et qu'une chaleur soutenue est indispensable pour déterminer la germination. Celle-ci se manifesta au bout d'une quinzaine de jours. Environ 30 ou 40 heures après, lorsque la première fronde eut atteint 2 à 3 millim. de longueur, je procédai à la transplantation. Des terrines percées et garnies dans le fond d'une couche de sable, furent remplies jusques à 15 millim. des bords du mélange préparé, puis placées dans des vases pleins d'eau, de telle sorte que l'eau débordant tout juste les bords de la terrine, se maintenait constamment sur celle-ci à la hauteur de 15 millim. Les choses ainsi disposées, je plantai une spore germante au centre de chaque terrine au moyen de fines brucelles, et là se termina l'opération. Le développement se fait ensuite tout seul. Il est lent d'abord, comme chez toutes les plantes naissantes; mais bientôt il devient très-actif et de nombreuses ramifications rayonnent dans tous les sens. Lorsque le jeune rhizôme s'est allongé d'un centimètre ou un peu plus, qu'il est fixé au sol par ses premiers nœuds et qu'il commence à se ramifier, il n'est plus nécessaire de le tenir inondé; il vaut mieux au contraire ne plus laisser déborder sur la terrine l'eau du vase extérieur; la pilulaire se développera parfaitement, sans autre eau que celle qu'elle reçoit par infiltration ascendante.

On comprend que la voie du semis ne soit pas la plus prompte pour obtenir en peu de temps une pièce de gazon d'une certaine étendue. A défaut de pieds vivants, le semis peut être nécessaire une première fois ; mais dès qu'on possède un pied de pilulaire on peut la multiplier à l'infini et avec une grande rapidité par des tronçons de rhizômes.

Je ne sache pas qu'on ait jamais imaginé d'utiliser comme gazon la pilulaire commune, et en effet, elle n'est aucunement propre à cet usage. Je l'ai cultivée comparativement à côté de l'espèce algérienne et elle a réussi de même ; mais ses feuilles longues, grosses, molles et fléchies en tous sens, très-inégales surtout et relativement peu fournies, ne rappellent en rien les feuilles courtes, fines, aciculaires et extrêmement touffues de sa petite congénère. Il n'y a donc pas lieu d'espérer que celle-là puisse convenir à l'usage auquel la dernière semble si bien appropriée.

Le nouveau Jardin des Plantes de Bordeaux ne fonctionnant pas encore, je ne puis pas expérimenter dans des serres qui ne sont pas commencées, mais je me ferai un plaisir de distribuer des sporanges récents aux personnes qui désireraient reprendre dans leurs serres l'essai déjà pleinement satisfaisant que je n'ai fait qu'à l'air libre, par conséquent dans de plus mauvaises conditions de succès. Il n'est pas difficile d'ailleurs de s'approvisionner de ces sporanges, car ils sont bien plus abondants que chez la pilulaire commune, ce qui s'explique par la brièveté des mérithalles de la petite et par l'extrême multiplicité de ses ramifications. De plus, ces sporanges sont relativement très-petits ; ils atteignent à peine le dixième du volume de ceux du *P. globulifera* et ne dépassent pas la grosseur de la tête d'une petite épingle. Ils se distinguent aussi par un caractère particulier qui a obligé d'apporter des changements notables dans la diagnose du genre : ils sont biloculaires, s'ouvrent en deux valves et ne renferment que deux spores, une dans chaque loge, tandis que les sporanges du *P. globulifera* s'ouvrent en quatre valves, présentent quatre loges, dont deux con-

tiennent des spores nombreuses et les deux autres des mil-
liers d'anthéridies. Enfin, notre petite espèce se fait encore
remarquer par des frondes qui ne se roulent point en crosse,
disposition si prononcée pourtant dans l'espèce européenne ;
elles n'en manifestent pas moins leur soumission à la loi
commune à toutes les filicinées, par une légère inflexion de
leur pointe, sensible seulement dans le jeune âge, et qui
cesse de l'être dès que ces frondes atteignent quelques millimètres de longueur.

ANTHOXANTHUM PUELII Lec. et Lam.— Cette plante, commune dans la Gironde, n'y a été reconnue que dans ces
dernières années. Je l'ai reçue de M. Eug. Ramey, récoltée
à Gradignan en Juin 1852, et dès 1847 et 1849, MM. Des
Moulins et Lespinasse l'avaient observée dans d'autres localités de la Gironde, inscrites dans leurs herbiers.

De toutes les espèces dont le genre *Anthoxanthum* s'est
accru depuis une quinzaine d'années, l'*A. Puelii* est assuré-
ment l'une des meilleures comme l'une des plus faciles à
distinguer. Lorsqu'on a souvent et beaucoup observé cette
plante dans la nature, qu'on l'a comparée sur les lieux à
l'*A. odoratum* qui l'accompagne fréquemment, on a de la
peine à s'expliquer comment des botanistes éclairés ont pu
refuser de l'admettre comme espèce, et prétendre qu'à
leurs yeux rien ne la distinguait de l'*A. odoratum*.

Peu de temps après la publication de l'espèce, j'assistais
à Paris à une réunion de botanistes. Le hasard ayant amené
la conversation sur cette plante, un de ces Messieurs, dont
le nom est inscrit sur l'un des plus hauts degrés de l'échelle
de la science, imagina un argument de coin du feu pour
nous démontrer que l'*A. Puelii* n'était qu'une espèce illu-
soire. On ne rencontre, nous disait-il, cette prétendue espèce que dans les champs cultivés et très-meubles, là où
nulle plante vivace ne saurait persister, puisque la terre est

retournée au moins une fois chaque année. Or, lorsqu'une graine d'*A. odoratum* tombe dans un pareil sol, elle germe, monte et fleurit une première fois dans l'espace d'une saison, ainsi qu'il arrive à la plupart des graminées vivaces ; mais comme elle est toujours détruite par le labour pendant son état annuel, il s'ensuit qu'on ne la trouve jamais que dans cet état ; on la dit alors annuelle, et, sur ce simple caractère, insuffisant et de plus, faux, on en fait une espèce : voilà l'*A. Puelii.*

Si les choses se passaient telles que nous le déclarait le savant botaniste, que l'*A. Puelii*, en un mot, ne fût que l'état de première année de l'*odoratum*, certes, la question cesserait d'en être une ; il ne resterait plus qu'à fermer les yeux sur une de ces erreurs trop fréquentes dont les botanistes descripteurs les plus exercés ne se sont pas toujours tenus à l'abri. Mais il en est autrement.

Il est bien vrai que l'*A. Puelii* croît parfois en abondance dans les moissons et dans les champs sablonneux. Je ne l'ai jamais rencontré dans de tels sites, mais je n'ignore pas qu'il y a été observé par plusieurs personnes, dans les environs même de Bordeaux. Rien de plus naturel, en effet, qu'une plante annuelle, aimant les terrains légers et sablonneux, se montre parfois en quantité dans les moissons et les champs à sol meuble où elle trouve, dans l'intervalle des époques de labour, le temps nécessaire à l'accomplissement de toutes les phases de son existence.

Mais si l'*A. Puelii* foisonne parfois dans les cultures, on l'observe bien plus fréquemment encore dans les lieux incultes de nature siliceuse où rien ne s'oppose à son évolution complète ; c'est là que je l'ai étudié. Il abonde notamment dans les parties les plus sèches de la lande du Tondut, ainsi que dans les grandes clairières des bois chétifs du voisinage. L'*A. odoratum* n'y est pas moins commun. Dès que

l'attention se porte sur ces plantes, on reconnaît bientôt
que l'une n'est ni une modification, ni l'état de première
année de l'autre, et que chacune d'elles se maintient invariablement dans les limites spécifiques que la nature lui a tra-
cées. En se livrant à quelques recherches, on finit par rencontrer de jeunes pieds d'*A. odoratum* nés de l'automne
précédent et fleurissant pour la première fois. A part le
nombre et la hauteur des chaumes, rien ne distingue ces jeunes individus de leurs aînés. Déjà, on ne peut méconnaître
en eux une plante vivace ; leurs racines solidement établies
dans le sol, résistent aux efforts de la main et se rompent au
collet si l'on veut arracher la plante sans l'aide d'un instru-
ment. L'*A. Puelii*, au contraire, faiblement fixé au sol par
un chevelu fin et court, cède à la moindre traction. En un
mot, la racine de la plante comme l'ensemble de sa végétation ne laissent aucun doute sur sa durée annuelle. Aussi,
dès la fin de l'été, toute trace vivante d'*A. Puelii* a-t-elle
disparu : il ne reste plus alors que les gazons épais de l'*o-
doratum*. La durée propre à ces deux espèces est donc parfaitement constatée, et cela, dans le même site et au milieu
de conditions biologiques d'une complète identité.

A ce caractère de durée vient se joindre un caractère de
végétation particulier dans le genre à l'*A. Puelii* : c'est la
ramification constante de ses chaumes. Ce n'est que dans
les genres *Digitaria*, *Crypsis*, *Tragus et Eragrostis* que
nous trouvons une disposition aussi marquée à la ramification parmi nos graminées annuelles. Lorsque l'*A. Puelii*
croît isolément sur un sol nu et fertile, il émet de la racine
un nombre considérable de chaumes grêles qui tous se ra-
mifient à partir du nœud immédiatement supérieur au collet, et souvent ces rameaux eux-mêmes se subdivisent à
leur tour, chaque ramification se terminant toujours par
une panicule. Dans les landes arides où la plante, maigre et

apauvrie, reste le plus souvent unicaule, les individus les plus chétifs se montrent rarement dépourvus de ramifications. Jamais l'*A. odoratum* ne présente rien de semblable. Constatons aussi la petitesse relative de la plante, la ténuité et la faiblesse de ses chaumes, ordinairement géniculés à la base et ascendants, non droits et fermes, enfin le développement bien moindre à l'état sec de l'odeur particulière à l'espèce vivace.

Si maintenant nous passons à des caractères d'un autre ordre, nous voyons une panicule plus allongée, plus lâche que dans les autres espèces du genre, les glumelles des fleurs neutres dépasser du double la fleur hermaphrodite qu'elles renferment, tandis que dans l'*A. odoratum* ces mêmes glumelles sont seulement un peu plus longues que la fleur, l'arête de la glumelle neutre inférieure assez longuement exserte et dépassant la glume supérieure dans la première espèce, à peu près incluse et ne s'élevant qu'à la hauteur de la même glume dans la seconde. Les caryopses, les feuilles et la ligule ne présentent point des différences assez appréciables pour en tenir compte. Les glumes ordinairement glabres, peuvent aussi se revêtir de poils sur certains individus, de même que dans l'*odoratum*.

Ces caractères sembleront légers, peut-être ; mais il faut considérer qu'ils acquièrent une grande valeur par leur coïncidence constante avec ceux de durée et de végétation que j'ai d'abord indiqués.

Dans les Graminées de la Flore d'Algérie, qui sont sous presse en ce moment, tous les *Anthoxanthum* du pays sont rapportés à l'*odoratum*, l'*A. Puelii* comme les autres. Il semble donc que je me sois mis dans le présent article en contradiction avec moi-même. Cette contradiction n'est qu'apparente. Mon collaborateur et ami, M. le D.ᵣ Cosson, croit à une espèce unique : j'ai la conviction contraire.

Il n'y aurait point de collaboration possible si, en pareil
cas, on ne s'empressait de fondre les deux opinions en
une seule. C'est ce qu'on verra toujours dans la Flore
d'Algérie, notamment dans le genre *Anthoxanthum*, où
les espèces des auteurs, distribuées en variétés accompa-
gnées chacune de leur diagnose caractéristique, peuvent
être également considérées comme espèces ou variétés, selon le point de vue ou l'appréciation de chacun.

Je ne terminerai pas cette note sur l'*A. Puelii* sans rappeler qu'il eût été plus exact de conserver à cette espèce le
nom de *laxiflorum* sous lequel feu Chaubard la désigna le
premier, comme simple variété de l'*odoratum*, il est vrai,
mais en faisant remarquer, (voy. S.ᵗ Am. *Fl. Agen.* p. 13)
que cette variété était « mieux caractérisée que beaucoup
de nouvelles espèces de fétuque. »

Je m'abstiendrai de passer en revue les autres espèces
annuelles d'*Anthoxanthum*, d'abord parce que je n'ai pas
avec moi mes échantillons d'étude, ensuite parce que ces
espèces n'appartiennent ni à notre flore aquitanique ni
même à celle de France. Je noterai seulement que le nom
d'*A. aristatum* Boiss. que quelques auteurs regardent comme
synonyme d'*A. Puelii*, et qu'ils conservent même à cette
espèce par droit d'antériorité, s'applique à une plante fort
différente, très-voisine de l'*A. ovatum* Lag., et qui n'en
paraît pas même suffisamment distincte.

AVENA. — En traitant avec quelques détails des espèces
de ce genre, je dirai peu de chose de celles de la deuxième
section (*Avenastrum* Koch), mais je me propose de passer
en revue toutes celles de la première (*Avenæ genuinæ* Koch),
dont l'*A. sativa* L. est le type. Je ne crois pas que le
nombre des espèces de ce groupe observées jusqu'à présent
dans le rayon de notre flore soit susceptible d'accroisse-
ment, au moins quant à celles réellement indigènes, les-

quelles du reste sont peu nombreuses et se réduisent à deux , ainsi que nous allons le voir.

Ces plantes sont généralement mal connues , et il n'est pas une flore locale , datant de quelques années , où elles se trouvent clairement définies. L'auteur vénéré de la Flore Bordelaise , en présence des livres qui ne lui révélaient pas même l'existence de toutes les espèces qu'il avait sous les yeux , a dû partager sur certains points l'erreur commune. Il est trop ami du vrai en toutes choses , trop sympathique aux efforts tentés en vue des progrès de la botanique bordelaise , pour ne pas m'excuser si je me permets ici un petit nombre de rectifications , et si je hasarde en même temps quelques observations sur l'ensemble des espèces qui entrent dans la circonscription de sa flore.

Les *Avena sativa* L. et *orientalis* Schreb. , généralement cultivées dans la Gironde , surtout la première , ne donnant lieu à aucune rectification , ne m'arrêteront pas longtemps. Je ferai seulement observer que ces deux avoines , admises comme espèces par la généralité des auteurs , ne peuvent néanmoins se distinguer entre elles par aucun caractère important tiré de la structure florale : une panicule lâche et étalée dans l'une , plus serrée et unilatérale dans l'autre , voilà à peu près où se réduisent leurs caractères distinctifs les plus marqués ; caractères bien légers , sans doute , toutà-fait insuffisants même au point de vue scientifique , mais dont on est pourtant forcé de se contenter , dans certains cas , lorsqu'on a sous les yeux deux plantes qui , considérées dans leur ensemble , portent évidemment l'empreinte de deux types spécifiques différents , et qne tous les caractères de convention , admis par la science pour la distinction des espèces , manquent à la fois.

L'*Avena strigosa* Schreb. n'existe nulle part en France à l'état spontané , ni même en Europe que je sache. Sa patrie véritable est fort incertaine encore, de même que celle des deux précédentes, bien qu'il semble très-probable que ce soit de l'Orient que ces espèces sont originaires, et c'est de là qu'elles nous seraient venues avec la majeure partie de nos céréales et de nos plantes exclusivement messicoles. Or, l'*A. strigosa* est aussi une céréale ; on la cultive assez fréquemment dans quelques pays de l'Allemagne et même en France, selon M. Boreau, dans certaines contrées granitiques et montueuses. L'extrême rareté de sa culture en France rend son apparition peu fréquente dans nos champs. Je me suis assuré que l'*A. strigosa*, de certaines flores, n'est que l'*A. hirsuta* Roth, plante indigène qui ne se trouve jamais dans les moissons ou ne s'y peut rencontrer qu'accidentellement. Aussi, en voyant dans la Flore Bordelaise un *A. strigosa* indiqué comme plante commune, je dus supposer qu'il s'agissait encore là de l'*A. hirsuta*, si fréquent autour de Bordeaux, et dont il n'est pas fait mention dans la Flore. En effet, c'est bien cette dernière espèce qui figure dans l'herbier type de la Flore Bordelaise comme dans le Catalogue des plantes de la Teste de M. Chantelat, sous l'étiquette de *strigosa*. J'ai appris que ce fut M. Woods, botaniste anglais, qui, pendant un séjour qu'il fit à Bordeaux, il y a quelques années, signala aux botanistes du pays la présence de l'*A. strigosa* dans une excursion faite avec eux à Arlac. La vue d'un échantillon provenant de cette excursion, et qui n'était autre que l'*A. hirsuta*, devait me faire penser que M. Woods, bien que très-versé dans la connaissance des plantes d'Europe, n'avait pas échappé cependant à une erreur alors assez générale; lorsque M. Ch. Des Moulins vient de me communiquer deux échantillons fort maigres de la plante de M. Woods, lesquels se rapportent parfaitement à l'*A. strigosa*. Il paraît, du reste, qu'un très-petit nombre de pieds

appauvris de cette plante furent trouvés seulement à Arlac,
de sorte que quelques-unes des personnes présentes crurent
s'approvisionner d'*A. strigosa* en recueillant l'*A. hirsuta* qui
sans doute foisonnait près de là. Dans l'excursion que je
dirigeai le 16 Juillet dernier, l'*A. strigosa* fut retrouvée en
grande abondance dans les moissons des défrichements
récents de la lande de Pezeu ; ce fut le jeune Émile Ramey
qui le premier mit la main dessus.

L'*A. brevis* Roth, bien moins cultivé encore que l'*A.
strigosa,* et qui ne l'est nulle part en France, que je sache,
se rencontre plus rarement encore dans les moissons et les
lieux cultivés. Chez nous, il ne s'est offert qu'à bien peu
d'explorateurs, et je n'ai pas été non plus assez heureux
pour le rencontrer jamais. Aussi cette espèce, non moins
que la précédente, a-t-elle donné lieu à de fréquentes erreurs, accréditées même par des botanistes de renom. Ainsi,
tandis que l'*A. hirsuta* était bien souvent regardé comme
l'*A. strigosa*, c'était cette dernière espèce qui à son tour
était prise pour l'*A. brevis.* J'ai sous les yeux des échantillons de la plante cultivée sous ce dernier nom au Jardin
des Plantes de Paris, cueillis en 1838 et 1845, et qui ne
sont que de l'*A. strigosa.* Le regrettable M. Webb a longtemps cultivé dans son jardin ce même *A. strigosa* comme
un *A. brevis*, de graines reçues sous ce dernier nom, en
1841, de M. Boreau, si bien versé cependant, dès cette
époque, dans la connaissance des plantes françaises; j'ai
également dans mon herbier, provenant de cette source, des
échantillons récoltés en 1843 par feu M. Dubouché et par
moi-même en 1845. En présence de ces méprises faites, au
foyer même de la science, je ne pouvais guère douter
que l'*A. brevis* de la Flore Bordelaise ne fût aussi un
strigosa. Mais il n'en est point ainsi. M. Laterrade ayant eu
l'obligeance de me montrer les *Avena* de l'herbier type de

sa Flore, j'ai aussitôt reconnu le vrai *A. brevis* dans la plante étiquetée de ce nom, et qui provient du lazareth de Pauillac. Il est probable qu'on la rechercherait en vain maintenant aux mêmes lieux, tandis que le hasard peut la faire rencontrer encore sur tout autre point de notre sol.

Si nous passons des avoines cultivées à celles qui ne le sont pas et qui même ne peuvent l'être à cause d'une particularité de structure dont je parlerai plus loin, nous voyons d'abord l'*A. fatua* L., plante que tout le monde croit bien connaître et qui pourtant a été, elle aussi, le sujet de bien des erreurs. Dans le midi de la France, c'est encore l'*A. hirsuta* et même l'*A. sterilis* qui ont été souvent pris pour le *fatua*, tandis que dans l'ouest, une plante dont il va bientôt être question, et qui ressemble extrêmement à celle-ci, sans en être pourtant très-voisine, a dû, ainsi que j'ai déjà eu l'occasion de m'en assurer, causer aux botanistes de fréquentes méprises. Bien que très-répandue et très-abondante, l'*A. fatua* n'est pas une plante indigène : elle nous est venue d'Orient comme nos céréales, et avec elles, sans doute. On ne la voit que dans les moissons qu'elle infeste trop souvent ; ce n'est que rarement et accidentellement qu'on en rencontre quelques pieds isolés dans les lieux incultes où elle ne persiste pas longtemps. L'*A. sativa* lui-même se montre plus fréquemment hors des cultures, à l'état subspontané que l'*A. fatua*.

L'*A. hirsuta* Roth, est l'espèce la plus répandue dans le sud-ouest comme dans le midi de la France. N'étant point mentionnée dans les flores locales de ces contrées, si ce n'est dans celle assez récente de M. Lagrèze-Fossat, et dans le Catalogue des plantes de Toulouse de M. Arrondeau, n'ayant été bien reconnue en France que dans ces derniers temps, il n'est pas surprenant que ce soit elle qui ait donné lieu au plus grand nombre d'erreurs de détermination. Ainsi, en même temps qu'elle représente l'*A. strigosa* dans l'herbier de la Flore Bordelaise, un peu plus loin elle y figure encore comme *A. sterilis* L., plante essentiellement méridionale, qui n'a jamais été trouvée dans la Gironde et qu'on n'y rencontrera probablement jamais, si ce n'est peut-être accidentellement, à la faveur de graines apportées par hasard de la Provence, du midi de l'Europe ou de l'Algérie. Il est difficile de se faire une idée de ce qu'était le prétendu *A. sterilis* que Loiseleur-Deslongchamps indiqua comme plus abondant encore dans les moissons des environs de Paris que l'*A. fatua* lui-même. (Voy. Lois. *Fl. Gall.*, ed. 2.ᵃ, I, p. 63). La phrase de cet auteur, qui n'est guère que la reproduction légèrement amplifiée de celle de Linné, s'applique très-bien au vrai *sterilis*, sans doute, mais à coup sûr, la plante parisienne que Loiseleur avait en vue est tout autre chose.

Ce n'est pas aux espèces que je viens d'énumérer que se bornent celles qui croissent sur le sol de la Gironde. Il existe aux portes mêmes de Bordeaux, dans la Dordogne et sur plusieurs points du sud-ouest, une autre espèce très-remarquable, qui sans doute n'est restée jusqu'à ce jour inaperçue ou plutôt méconnue, qu'à cause de sa ressemblance extrême avec l'espèce trop commune des moissons, et dont pourtant elle n'est pas même immédiatement voisine par ses caractères essentiels.

Si une espèce réellement nouvelle est chose à présent fort rare en France, je veux parler d'une espèce tout-à-fait à part et non pas de la plupart de celles que de nos jours on publie en nombre toujours croissant et véritablement effrayant pour des formes souvent insaisissables ou déjà bien connues et sur des caractères trop légers, trop fins, si l'on veut, pour que les botanistes antérieurs aient cru devoir en tenir compte ou les aient aperçus ; l'annonce que je viens de faire étonnera moins, peut-être, lorsqu'on remarquera que l'es-

pèce que je crois nouvelle appartient à un groupe de graminées qui, jusques à ces derniers temps, et peut-être à cause
de sa vulgarité même, n'avait pas été étudié avec assez d'attention. Si une heureuse inspiration me fit entrevoir un
jour les caractères importants, positifs, invariables qui distinguent si nettement les espèces de ce groupe, ce n'est que
plus tard que ces caractères ont été mieux compris, mieux
définis et surtout plus clairement exposés par mon excellent
collaborateur et ami, M. le D.ʳ E. Cosson. Je serais injuste
si je ne citais aussi M. Balansa pour ses observations intéressantes et fort ingénieuses sur les espèces algériennes de
ce même groupe. Les communications de M. Balansa furent
accueillies par nous avec empressement, et nous venons d'en
tirer parti dans nos Graminées de la Flore d'Algérie.

Une grande confusion a régné jusques à ce jour parmi
les plantes qui nous occupent, et les botanistes les plus
exercés ne se sont pas toujours montrés exempts d'erreurs
dans leur détermination. Je faisais remarquer il y a peu
d'instants les erreurs qui s'attachèrent aux A. *strigosa* et
brevis à Paris même, en pleine Ecole botanique du Jardin
des Plantes, erreurs qui se sont perpétuées sous mes yeux
durant plusieurs années et qui pourront bien se perpétuer
longtemps encore dans certains herbiers, par les nombreux
échantillons distribués tous les ans et inscrits en toute con-
fiance sous un nom faux, sur la foi de l'étiquette officielle.
Et l'A. *hirsuta*, plante si commune dans le midi et le sud-
ouest de la France, et si bien caractérisée? Il y a peu d'années qu'elle n'avait pas encore été remarquée : c'était alors
une plante nouvelle, nouvelle au moins pour le sol de la
France. Confondue avec l'A. *fatua*, à laquelle pourtant elle
ne ressemble guère, ou même avec d'autres espèces auxquelles elle ressemble encore moins, on ne daignait pas
s'en occuper, et cette vulgarité passa pour une précieuse

acquisition lorsque, en 1839, je la récoltai à Toulon pour les centuries de M. Schultz, où elle parut sous le numéro 481 (n° 81 de la 4ᵉ centurie).

La détermination de ces plantes est si peu sûre lorsqu'on néglige d'avoir recours aux caractères positifs si bien exposés par M. Cosson (*Bulletin de la Société Botanique de France*, 1, p. 11 et suiv.), que moi-même, familiarisé depuis longtemps avec ces espèces et qui croyais les connaître imperturbablement, je m'y suis laissé prendre et n'ai compris que tout récemment la plante dont il va être question, pour avoir négligé l'observation rigoureuse et m'être fié au simple coup d'œil. Qu'on veuille bien me pardonner des détails trop oiseux sans doute, mais ils montreront une fois de plus combien il est nécessaire, en histoire naturelle surtout, d'observer longtemps et d'analyser à fond avant de rien affirmer.

Peu après mon arrivée à Bordeaux, dans les premiers jours de Septembre de l'année dernière, je remarquai à la Bastide, où l'arrivée de mes bagages m'avait appelé, un *Avena* d'une apparence assez particulière, mais que je pris néanmoins sans hésiter pour un *A. fatua.* Ayant détaché un épillet pour l'examiner, je reconnus que l'article supérieur de l'axe floral était parfaitement glabre, quant au contraire, il aurait dû être poilu dans le *fatua.* J'attribuai d'abord cette glabrescence à la saison humide et avancée, sans y attacher d'autre importance, tout en remarquant néanmoins avec quelque étonnement la petitesse relative de la plante, sa panicule unilatérale, sa présence en quantité notable hors des lieux où croît presque exclusivement le *fatua.* Je m'empressai d'en récolter bon nombre d'échantillons, dont je jetai la presque totalité en rentrant chez moi, tant j'étais loin d'imaginer que je pouvais avoir affaire à quelque chose de nouveau.

Je cessai de m'occuper de cette plante jusques au mois de Juin de cette année, époque où je la retrouvai en bonne saison et en belle végétation aux mêmes lieux d'abord, puis le long des berges de la Garonne et de l'avenue, sur le bord des chemins des coteaux de Cenon et de Floirac et, plus tard, en bien d'autres localités de la rive gauche, mêlée à l'*A. hirsuta* ou dans son voisinage et non moins abondante que cette dernière. Les mêmes caractères, les mêmes indices me frappèrent encore ; toutefois, reconnaissant bien que cet *Avena* ne pouvait appartenir à aucune de nos espèces en dehors du *fatua*, et, d'un autre côté, n'admettant pas la possibilité d'une avoine de ce groupe réellement nouvelle en France, dans des lieux si connus et si fréquentés que les environs immédiats de Bordeaux, je persistai dans mon aveuglement, ne pensant pas qu'il fût nécessaire de pousser l'examen plus loin, et, comme la première fois, je rejetai la plus grande partie de la récolte que j'avais d'abord faite.

La chose en était restée à ce point lorsque, vers la fin du mois d'Août dernier, j'eus le bonheur de recevoir la visite de M. Cosson. Pendant la dernière heure du dernier jour où nous travaillâmes ensemble, un épillet égaré de mon avoine s'étant par hasard échappé des papiers que je maniais, je m'empressai de le montrer à M. Cosson comme un état fort étrange de l'*A. fatua*. Mon collaborateur ayant examiné un moment cet épillet et ses différentes pièces, de cet œil exercé et sûr qu'on lui connaît : « Mais vous n'avez donc pas remarqué le grand caractère, s'écria-t-il ; la fleur inférieure seule est articulée ; votre plante n'est donc pas même voisine de l'*A. fatua* : c'est une avoine nouvelle. » La lumière avait jailli tout-à-coup. Il était bien vrai que dans mon aveuglement je n'avais pas songé à recourir à la vérification que je m'empresse pourtant de faire la première lorsque j'étudie une espèce de ce groupe. En présence du caractère décisif qui venait d'apparaître, le doute, l'hésitation n'étaient plus possibles : la plante était nouvelle.

Cette constatation était à peine terminée et la question résolue, quand M. Cosson, que j'espérais garder encore deux jours auprès de moi, me quittait précipitamment et reprenait en toute hâte la route de Paris, mû par l'élan généreux et spontané d'un dévouement dont mon cœur gardera à jamais le souvenir. Si je rappelle cette circonstance cruelle, dont la mention est déplacée dans ces Notes, c'est parce qu'elle se rattache fatalement au nom imposé à la graminée nouvelle, nom qui n'est pas justifiable sans doute selon les règles rigoureuses qui régissent ou devraient régir la saine nomenclature botanique ; mais que les maîtres de la science me pardonneront et accepteront avec indulgence, j'en ai l'espoir certain. Plusieurs de ces maîtres m'honorent de leur amitié, tous m'ont comblé de marques d'intérêt et de bienveillance ; ah ! les plus rigides même ne rejetteront pas la prière que je leur adresse ici : qu'ils consentent à sanctionner malgré son irrégularité le nom que je propose, et le bien qu'ils me feront ainsi surpassera celui qu'ils m'ont déjà fait, et ils mettront le comble à mes sentiments d'affection et de reconnaissance.

Un coup de foudre venait de me frapper ! Je n'étais pas encore revenu de la stupeur et de l'anéantissement des premiers jours, que déjà une idée fixe m'obsédait et ne me quittait plus : rattacher le souvenir de mon fils bien aimé à la plante nouvelle reconnue et constatée à l'heure même de son agonie, rattacher son nom à une plante à la fois Bordelaise et Périgourdine, qui semble avoir choisi ses sites de prédilection aux lieux où s'écoula son heureuse enfance et sur les rives du beau fleuve qui lui était devenu si cher !

Il n'a aucun titre ; il n'était pas botaniste on ne peut pas

attacher son nom à une plante dont il ne s'est jamais occupé ! C'est vrai, et c'est aussi pour cela que je sollicite
l'indulgence. Mais s'il n'était pas botaniste, n'appartenait-il
pas en quelque sorte à la grande famille des botanistes ?
N'était-il pas l'un des plus fidèles aux Samedis de M. Gay,
depuis le jour où ce maître aimé et vénéré voulut bien l'y
admettre pour la première fois et l'autoriser à venir s'as-
seoir désormais à côté de ces hommes d'élite et de cœur
que chaque semaine il aime à réunir autour de lui ?

Profondément touché des témoignages de bienveillance
qu'il recevait de la part de tous ces hommes distingués,
Louis se complaisait à nous le dire, et ses lettres étaient
remplies de l'expression de sa reconnaissance. Et lui, de son
côté, ne mettait-il pas de tout cœur ses rares moments de
loisir au service de tous ? On a lu et admiré le beau travail
de M. Grœnland sur la germination des Hépatiques. L'auteur, peu familiarisé alors avec la langue française dans laquelle il a fait depuis de si rapides progrès, avait d'abord
écrit son mémoire en allemand ; Louis fut heureux de lui
venir en aide en traduisant ce mémoire en français. Tout
récemment il avait encore traduit pour moi le mémoire entier de M. Hugo Mohl sur le pollen. Il avait résolu d'em-
ployer toutes ses veilles de l'hiver prochain à la traduction
des œuvres de M. Hofmeister, que je désirais beaucoup
connaître et dont mon ignorance de la langue allemande
m'empêchait de profiter (1). S'il ne faisait pas de la botani-

---

(1) C'est Émile Desvaux qui avait prêté et devait prêter encore
les livres à traduire : Émile Desvaux enlevé de même à la première
fleur de l'âge et sur le seuil d'un avenir qui s'annonçait pour lui
brillant et glorieux ! Intelligence d'élite nourrie de hautes et saines
études, esprit juste et profond, observateur habile et consciencieux,
ses travaux sur l'immense et difficile groupe des Glumacées avaient
déjà porté de beaux fruits, et il allait bientôt répandre une lumière
nouvelle sur cette belle branche de la botanique, à laquelle il s'était

que, ne semble-t-il pas qu'il y a au moins quelque justice
à lui tenir compte de ce qu'il a fait, de ce qu'il se proposait
de faire pour se rendre utile à ceux qui s'en occupent. Combien de dédicaces, acceptées et sanctionnées par l'univer-
salité des botanistes, reposent sur des titres plus insigni-
fiants encore !

AVENA LUDOVICIANA.

*A. annua; foliis vaginisque glabris vel pilosiusculis, ligulâ
brevi ovatâ vel truncatâ, denticulato-fimbriatâ; paniculâ
secundâ, subsecundâ vel in plantâ vegetiori planè effusâ
laxâ, simplici vel compositâ; spiculis constanter bifloris
cum tertii floris rudimento, 20 millim. vix longis, axe gla-
bro; glumis latiusculè lanceolato-acuminatis subæqualibus,
inferiore 7-9 superiore 9-11-nervia, flores superantibus;
flore inferiore articulato, callo obtuso villosissimo foveolâ
ovato-ellipticâ insculpto; glumellâ inferiore floris inferioris
17-18, floris superioris haud articulati 10-12 millim. cir-
citer longâ, utrâque in apicem bicuspidatum attenuatâ,
7-nervia, a basi ad medium pilis rigidis obsessâ, aristam
geniculatam sesquilongam gerente; caryopsi lineari attenuatâ, basi rostellatâ, maculâ hilari angustissimâ notatâ.*

Hab. Cette espèce est assez fréquente dans les environs
de Bordeaux, aux lieux déjà cités; elle semble préférer les
terrains calcaires aux siliceux, quand l'*A. hirsuta* se montre à peu près également dans les deux terrains. Du reste,

---

plus spécialement voué. Et pourtant qu'étaient ces rares avantages
en présence des qualités du cœur? Tous ceux qui l'ont connu, c'est-
à-dire tous ses amis, se rappellent cette inaltérable douceur, cette
bonté sans égale, ce caractère parfait, cette aménité charmante
qui nous attirait tous vers lui. Ils savent aussi quels trésors de
vertus, quels sentiments élevés, quelle délicatesse exquise cachait
sous des dehors timidement modestes cette âme noble et pure. Ah !
si Émile Desvaux laisse vouée à d'éternels regrets une famille dont
il fut si justement la joie et l'orgueil, il laisse aussi des amis qui su-
rent l'apprécier et à qui sa mémoire sera toujours chère !

elle recherche les mêmes sites que celle-ci, et se plaît au bord des routes, sur les pentes incultes et découvertes, le long des berges herbeuses. Elle pénètre quelquefois dans les moissons, et là un examen attentif peut seul la faire distinguer de l'*A. fatua.* C'est ainsi que, le 29 Juin dernier, à Coutras, elle fut prise et récoltée pour cette dernière espèce sur le bord et dans l'intérieur d'un champ de blé. M. Cosson m'a communiqué un échantillon de la même avoine, recueilli à Agen, en Juin 1852, par M. O. Debeaux. Je l'ai vue dans l'herbier de M. Ch. Des Moulins, venant de Manzac (Dordogne), récoltée en Juin 1842, par M. de Dives, et envoyée sans nom spécifique. Enfin, mon jeune fils Elly vient, pendant ses vacances, de la retrouver dans ma terre du Périgord, à Blanchardie près de Ribérac. Il l'a vue en immense quantité sur les terres crayeuses des enclos qui entourent la maison. A une époque aussi avancée, il n'était plus possible de la récolter en bon état ; néanmoins, à force de recherches, mon fils est parvenu à rassembler un assez grand nombre d'épillets, dont la moitié environ appartiennent à l'*A. fatua.* La ressemblance entre ces épillets mêlés était même telle, que j'ai dû les faire passer tous à l'analyse pour parvenir à les séparer. A Bordeaux, la plante est en pleine floraison vers la mi-Juin, et elle peut se rencontrer en état jusques en Septembre.

Descr. Chaume haut habituellement de 3-4 décimètres, mais pouvant atteindre jusques à 6-8 décimètres et même un mètre dans les sols très-fertiles, grêle, lisse, à stries peu nombreuses et à peine sensibles, muni de trois nœuds glabres ou poilus, les deux inférieurs très-rapprochés. Feuilles linéaires, assez étroites, finement multinervées, avec trois nervures plus marquées, surtout la médiane, tantôt glabres, tantôt ciliées ou munies de quelques poils principalement sur les gaînes, celles-ci un peu rudes ou presque lisses, à limbe généralement peu scabre sur les deux

faces ; ligule courte, tronquée et lacérée, quelquefois brièvement lancéolée-obtuse et inégalement denticulée. Panicule en général unilatérale, mais étalée en tous sens chez
les individus très-vigoureux, assez courte et médiocrement
fournie, à rameaux semi-verticillés, simples et divisés.
Épillets constamment biflores (1), à fleurs aristées, l'inférieure seule articulée avec le rachis. Glumes presque égales,
brièvement acuminées, larges, un peu ventrues, membra-
neuses et même à peu près scarieuses dans toute leur étendue, marquées, l'inférieure de 7-9, la supérieure de 9-11
nervures vertes très-prononcées, longues d'environ 20 millimètres et dépassant sensiblement les glumelles. Fleur inférieure très-nettement articulée avec le rachis ; callus court,
épais, très-velu, à cicatrice ou fossette insertionnelle ovale-
elliptique très-régulière : la portion désarticulée du rachis
persistant à la base de la glume supérieure sous la forme
d'un cuilleron ovale-oblong, glabre et de la même forme
que la fossette dans laquelle il était emboîté. Seconde fleur
fertile non articulée, ne se détachant pas du rachis en un
point déterminé et ne s'en séparant que par fracture, plus
longuement stipitée que la fleur inférieure, l'entrenœud de
l'axe long d'environ 4 millimètres, hérissé en haut et antérieurement de poils décroissants, la moitié inférieure en-
tièrement glabre ; pourtour de l'insertion de cette même
fleur dépourvu de poils. Au-dessus des deux fleurs fertiles
l'axe se prolonge en un mérithalle grêle, linéaire subulé,
plane, glabre, sensiblement plus long que l'entrenœud
immédiatement inférieur, et portant une troisième fleur
presque toujours réduite à l'état rudimentaire, au moins ne
se développant jamais complètement, même dans les cas
exceptionnels de végétation exubérante, et consistant ordi-

_____

(1) Lorsque je précise le nombre des fleurs, il faut qu'il soit bien
entendu que je ne tiens compte que des fleurs fertiles et que je néglige les fleurs rudimentaires.

nairement en une membrane très-mince, blanche, presque
hyaline, à nervures pourtant déjà distinctes, roulée en cor-
net oblong, tronquée et dentelée au sommet, quelquefois
bilobée ou simplement émarginée, et enfermant un dernier
prolongement de l'axe de l'épillet sous l'apparence d'un filet
hyalin fort court et d'une extrême ténuité. Glumelle inférieure de la fleur inférieure longue de 17-18 millimètres,
celle de la fleur supérieure de 10-12, toutes deux roulées
par leurs bords, surtout à la maturité, profondément bi-
cuspidées au sommet, chaque pointe présentant fréquemment du côté extérieur une dent ou une déchirure, à 7 nervures peu prononcées vers la base et devenant presque des
côtes au-dessus de l'insertion de l'arête, hérissées de longs
poils gris ou roussâtres généralement peu fournis, sur leur
face dorsale inférieure, dépourvues de poils, mais très-sca-
bres supérieurement. Arêtes coudées à la hauteur des glumes, longues, l'une de 25, l'autre de 20 millimètres, insé-
rées le plus souvent, celle de la fleur inférieure un peu au-
dessous du milieu de la glumelle, celle de la fleur supérieure
un peu au-dessus. Glumelle supérieure bidentée ou courtement bicuspidée, à carènes bordées de cils assez courts.
Squamules à base ovale prolongée obliquement en appen-
dice lancéolé. Anthères linéaires, courtement bilobées aux
deux bouts, longues de près de 3 millimètres. Pollen irré-
gulièrement ovoïde, lisse. Ovaire très-jeune presque sessile,
turbiné, caché sous les longs poils qui le couvrent tout entier, à sillon médian médiocrement ouvert. Styles verti-
caux, plus longs que l'ovaire, à rameaux stigmatifères plutôt
tuberculeux que denticulés. Caryopse (de la fleur inférieure)
linéaire-oblong, sensiblement rétréci aux deux bouts, surtout inférieurement, long de 7, large de 1 $\frac{1}{3}$ millimètre,
un peu comprimé ou concave du côté de l'axe, et creusé de
ce même côté d'un sillon étroit, ordinairement égal dans
toute son étendue ou rarement un peu plus ouvert au-dessus

du milieu ; macule hilaire très-étroite, à peine élargie à sa base, finement atténuée supérieurement, peu distincte et concolore ; base du caryopse dépassée par une saillie de la radicule en forme de pointe ou d'éperon court et ordinairement un peu courbé vers le hile. Sommet couronné de deux pointes droites parallèles, restes persistants de la base des styles. Embryon relativement petit ; prolongement supérieur de l'hypoblaste brièvement lancéolé-obtus ; cotylédon (Ad. de Juss.) elliptique-oblong, à fente gemmulaire peu apparente, close à l'état de repos de l'embryon ; radicule saillante, étroitement mamelonnée et terminée par un mucro fin très-prononcé.

Ainsi que je l'ai déjà fait pressentir, cette espèce est bien plus voisine de l'*A. sterilis* que de l'*A. fatua* avec laquelle on est d'abord porté à la confondre à cause de l'extrême ressemblance des épillets. Il devient inutile de faire ressortir toutes les différences qui distinguent l'espèce nouvelle de l'*A. fatua*, après avoir fait observer que ces deux plantes n'appartiennent pas à la même subdivision. L'*A. fatua*, en effet, se classe parmi les espèces dont toutes les fleurs fertiles s'articulent avec le rachis, tandis que la première appartient au groupe d'espèces où la fleur inférieure seulement est articulée, groupe dont l'*A. sterilis* peut être regardé comme le type.

C'est donc à côté de l'*A. sterilis* que l'*A. Ludoviciana* vient naturellement se ranger. Elle en diffère par son chaume en général plus grêle, par ses feuilles plus étroites, moins rudes, à gaînes ordinairement un peu scabres non très-lisses, à ligule plus courte et plus tronquée, par sa panicule plus fournie, étalée en tous sens sur les sujets vigoureux non constamment unilatérale, à rameaux inférieurs plus longs et plus rameux, par ses épillets invariablement biflores non à 4-5 fleurs fertiles (les épillets de l'*A. sterilis* que l'épuisement ou tout autre cause accidentelle ont réduits à deux fleurs fertiles seulement présentant toujours au-dessus de celle-ci une série de 3 à 4 fleurs avortées et de plus en plus rudimentaires), par ses glumes moins acuminées, dépassant peu les fleurs et non pas notablement plus longues qu'elles, les arêtes coudées à hauteur des glumes dans la première, à hauteur des glumelles dans la seconde ; on la distingue surtout par toutes ses pièces florales bien plus courtes, de telle sorte que l'épillet de l'une paraît constamment plus petit de moitié que celui de l'autre.

On remarque dans les caryopses de notables différences. Prenant pour sujet de comparaison le caryopse de la fleur inférieure, toujours le plus régulièrement développé, nous trouvons celui de l'*A. Ludoviciana* bien plus étroit, plus aminci aux extrémités, l'inférieure surtout s'atténuant en un bec radiculaire pointu, tandis que la base élargie et toujours plus ou moins obtuse du caryopse de l'*A. sterilis* ne se termine point en bec saillant. Le caryopse de l'*A. Ludoviciana* se caractérise encore par son sillon ordinairement égal non largement évasé du milieu vers le haut, par ses pointes apicilaires ténues et verticales et non pas coniques et divergentes, par sa macule hilaire très-étroite, longuement et finement atténuée vers le haut et concolore, non évasée en bas, brièvement atténuée en haut et le plus souvent brunâtre ; enfin par un embryon de moitié plus petit, à prolongement supérieur de l'hypoblaste courtement lancéolé-obtus, non lancéolé-oblong obtusiuscule, à radicule saillante et terminée par un mucro très-prononcé, non largement mamelonée obtuse et à peine terminée par un mucro ponctiforme.

L'*A. Ludoviciana* est assez variable, non point dans ses caractères essentiels dont la constance au contraire est remarquable, mais dans ses dimensions, dans la longueur et la direction des rameaux de sa panicule, dans la teinte des poils qui revêtent ses fleurs. J'ai déjà noté, en décrivant la plante, les variations de taille dues aux localités. Les échantillons rapportés de Coutras par M. Ch. Des Moulins simulent à tel point l'*A. fatua* par la hauteur des chaumes, l'ampleur et l'égalité de la panicule, en un mot par le facies tout entier, qu'il serait impossible de les en distinguer sans l'examen du caractère décisif. M. Ch. Des Moulins aurait

pu recueillir la même forme dans un état non moins luxu-
riant sur les riches terrains de sa propriété de Vimeney,
où M. Lespinasse en a vu des pieds atteignant et même dépassant 1 mètre de hauteur et déployant de même une ample panicule étalée en tous sens. Ces cas néanmoins doivent
être regardés comme exceptionnels, car, dans son état ha-
bituel, l'*A. Ludoviciana* est une plante de taille relativement
moyenne, à panicule à peu près unilatérale et médiocrement fournie. C'est ainsi qu'elle se montre constamment
sur la rive droite en amont de la Bastide, sites très-favo-
rables, comme on sait, au développement des graminées.
On l'y trouve en grande quantité soit sur la berge de la
jetée, soit sur le bord opposé de la route, en compagnie de
l'*A. hirsuta;* celle-ci, qui figure également dans le groupe
comme une espèce de moyenne grandeur, se distingue au
loin de la première par une taille presque toujours plus
élevée. La couleur des longs poils des fleurs peut varier du
blanchâtre au brun foncé, avec tous les intermédiaires.
Dans les échantillons que mon jeune fils Elly vient de m'en-
voyer de Blanchardie, ces poils sont d'un gris soyeux lustré,
tandis que l'un des échantillons récoltés à Coutras par M.
Ch. Des Moulins, se fait remarquer par des poils presque
noirs. Au reste, de telles variations sont fréquentes chez les
graminées; il n'est pas rare, en effet, de voir certaines espèces dont l'ensemble se colore normalement de vert foncé,
de brun ou de rougeâtre, présenter une variation blonde,
presque albine, dont la teinte pâle ou faiblement dorée se
répand sur toutes les parties de la plante.

Pour résumer la revue que je viens de passer des vraies
avoines de la Gironde, je donne ici le tableau synoptique de
ces espèces, en y comprenant, comme objet de comparaison
seulement, l'*A. sterilis* des régions les plus méridionales de
la France. J'assigne à chaque espèce un très-petit nombre
de caractères faciles à saisir et suffisants pour les bien distinguer entr'elles.

AVENÆ GENUINÆ Koch. — non Kth.

Plantes annuelles, épillets gros, pendants, 2-5 flores, rarement 4-5 flores, glumes à 7-11 nervures.

Sativæ Coss. et DR.
Fleurs non articulées avec le rachis de l'épillet, ne se détachant que par la fracture du rachis lui-même.

- Panicule étalée, ample, lâche, glumelle inférieure bidentée. . . . . . . *sativa* L.
- Panicule unilatérale, longue, serrée, glumelle inférieure bidentée. . . . . *orientalis* Schreb.
- Panicule unilatérale, lâche, glumelle inférieure biaristée, fascicule de poils courts à la base de la fleur supérieure. . *strigosa* Schreb.
- Panicule unilatérale, fleurs relativement très-courtes, obtuses, un fascicule de poils à la base des deux fleurs fertiles. . *brevis* Roth.

Agrestes Coss. et DR.
Fleur inférieure articulée avec le rachis de l'épillet.

* Fleur inférieure seule articulée, les supérieures non articulées.

- Épillets 4-5 flores, caryopse obtus à la base, brièvement mamelonné par la radicule. . . . *sterilis* L.
- Épillets constamment biflores, caryopse aminci à la base, radicule en bec saillant. . . . *Ludoviciana* DR.

** Toutes les fleurs fertiles articulées.

- Chaume robuste, panicule étalée, glumelle inférieure bidentée, fossette arrondie. . . . . *fatua* L.
- Chaume grêle, panicule unilatérale, glumelle inférieure biaristée, fossette ovale-oblongue. . . . *hirsuta* Roth.

Ces plantes ne se trouvent pas toujours dans les livres sous les noms portés au tableau, qui sont ceux qu'elles doivent conserver. L'*A. sativa* ayant, par l'effet d'une longue culture, donné naissance à plusieurs variétés assez constantes, des auteurs ont cru voir des espèces dans ces variétés et les ont décrites comme telles. Il est vrai que les noms attribués à ces prétendues espèces sont à peu près tombés dans l'oubli et ne peuvent plus causer d'erreurs. Nous avons vu que les *A. strigosa*, *brevis*, *sterilis*, *fatua* et *hirsuta* ont donné lieu à de fréquentes transpositions de noms; dans ce cas, ce n'est guère que par l'examen des échantillons décrits par l'auteur qu'il est possible de s'assurer de la plante qu'il a eu réellement en vue. En outre, l'*A. hirsuta* ayant été bien distingué dès longtemps par des botanistes étrangers à la France, cette plante a reçu d'eux des noms différents, chaque auteur de son côté l'ayant regardée comme nouvelle. C'est ainsi qu'après Roth, qui la fit connaître le premier, elle a été successivement nommée *A. barbata* par Brotero, *A. hirtula* par Lagasca, *A. atherantha* par Presl. A l'époque où j'étudiais les *Avena* de l'Algérie, et où il m'importait d'être bien fixé sur l'*A. pilosa* de Marshal Bieberstein, je reçus un épillet de la plante de cet auteur par les soins de feu Fischer et à la faveur de l'obligeante entremise de M. Gay. Cet épillet appartient évidemment à l'*A. hirsuta* Roth; mais j'ai lieu de supposer que sous ce nom d'*A. pilosa* des auteurs, et peut-être Marshal Bieberstein lui-même, ont confondu des avoines de la même section quoique d'espèces et même de subdivisions différentes, car M. Kotschy a donné sous le n.º 59 de ses plantes d'Orient une plante nommée par M. Hoschtetter *A. pilosa*, laquelle ne se rapporte plus à l'*A. hirsuta*, mais bien à une variété remarquable de l'une de nos espèces algériennes. Déjà la même plante avait été distribuée sous ce nom de *pilosa* dans les collections d'Aucher-Eloy, n.º 2929.

En général, les longs poils dressés qui, chez certaines espèces, revêtent en partie la glumelle inférieure, ne fournissent pas des caractères bien constants. Ils sont sujets à varier en étendue et en quantité dans une même espèce, et peuvent même disparaître tout-à-fait, ainsi qu'on le remarque sur une variation de l'*A. fatua*, où la glumelle est devenue à peu près complètement glabre. Cette forme, qui n'est pas très-rare et qui pourrait se rencontrer dans la Gironde, a pourtant été élevée au rang d'espèce (*A. hybrida* Peterm. in Rchb. *Fl. Sax.*) et admise comme telle par Koch lui-même (*Syn.* ed. 2.ª p. 927), tandis qu'elle mérite à peine de compter comme variété, car elle ne diffère en réalité de l'*A. fatua* que par l'absence de poils sur la moitié inférieure de la glumelle, et encore en retrouve-t-on presque toujours quelques-uns autour de la base de l'arête. Au contraire, les poils du callus et ceux du rachis, chez les espèces où ces parties en sont pourvues, paraissent d'une constance extrême. On en a un exemple bien marqué dans cet *A. hybrida* que je viens de citer, et dans lequel, malgré la glabrescence de la glumelle, le callus conserve toute sa villosité.

On voit par ce qui précède qu'on pourrait encore grouper les vraies avoines, abstraction faite du caractère d'articulation, d'après l'absence, la présence et la distribution des poils sur les fleurs. Un premier groupe, renfermant les espèces à fleurs glabres ou seulement munies de quelques poils rares et courts au-dessous du callus, correspondrait aux *Sativæ*. Le deuxième comprendrait les espèces à glumelle revêtue de poils jusque vers le milieu ou un peu au-dessus : ce seraient les *A. sterilis, fatua, hirsuta* et une ou deux algériennes qui y prendraient place. Enfin, le troisième groupe réunirait les avoines à glumelle glabre ou seulement pubescente, mais à callus garni d'un faisceau de poils longs, épais, dressés et décroissants du haut vers le bas :

on y rangerait trois ou quatre espèces, toutes algériennes et jusqu'à présent étrangères à la France. L'absence, la présence et la disposition des poils sur le rachis donneraient ensuite des caractères qui pourraient suffire à la distinction des espèces. Il est inutile de s'arrêter plus longtemps sur une pareille classification, fondée seulement sur des organes purement accessoires, celle qui prend pour base le mode d'articulation des fleurs devant toujours prévaloir, puisqu'elle s'appuie sur des caractères tirés de la structure même d'organes essentiels.

Des huit espèces classées dans le tableau qui précède, la Gironde et probablement les départements limitrophes n'en possèdent que deux à l'état réellement spontané : ce sont les *A. Ludoviciana* et *hirsuta*. Sans doute on ne pourrait citer une espèce du genre plus répandue en Europe que l'*A. fatua*, mais on remarquera que cette plante ne s'est naturalisée en réalité que parmi les moissons, et j'ai déjà noté que si elle se montre parfois dans des lieux que la charrue ne sillonne jamais, elle n'y saurait persister longtemps. Pour qu'elle se propage, il lui faut la culture que réclament les céréales qu'elle accompagne ordinairement. Dans les contrées où prévaut encore la coutume des jachères, comme le Lot-et-Garonne, par exemple, pays fertile et riche en froment, presque partout l'avoine folle infeste les moissons, et nulle part il ne s'en montre plus un pied l'année suivante sur le champ qui se repose; mais elle reparaît en quantité souvent désespérante avec le nouvel ensemencement. Cependant ses graines n'ont pas été répandues avec celles du froment : la semence de celui-ci en est toujours parfaitement pure, car la paille seule de l'avoine est moissonnée. Toutes les fleurs se désarticulant promptement à l'époque de la maturité des graines et tombant aussitôt, celles-ci restent dans le sol à l'état de repos complet et ne germeront ni pendant l'année de jachère, ni pendant de longues années encore, si le terrain dépositaire de ces graines ne reçoit pas la préparation convenable. Le même phénomène s'observe chez d'autres plantes messicoles telles que le *Centaurea Cyanus*, l'*Agrostemma Githago*, etc., d'origine étrangère comme l'*A. fatua*, et dont la naturalisation n'a pu également se compléter. Le coquelicot est aussi dans le même cas, mais il s'échappe plus fréquemment des moissons et des cultures, peut-être à cause de la prodigieuse quantité de graines qu'il produit et qui se répandent partout. D'ailleurs, la véritable patrie du coquelicot n'est peut-être pas aussi lointaine, aussi étrangère que celle de ses compagnes habituelles; il est possible qu'il soit réellement spontané dans le midi de l'Europe, et je l'ai vu en Algérie dans de telles conditions de spontanéité que je me crois fondé à le regarder comme appartenant à la flore originelle de ce pays. Quoi qu'il en soit, l'introduction de l'*A. fatua*, comme celle de la plupart des plantes de nos moissons, doit remonter à une époque très-reculée qu'il serait, je pense, impossible de déterminer. Déjà, au temps de Virgile, l'avoine folle était avec l'ivraie, autre graminée de même origine, le fléau des moissons de l'Italie, et tout le monde se rappelle ce vers où le fait est consigné de la façon la plus positive :

Infelix lolium et steriles dominantur avenæ.

Je sais bien qu'on peut aussi attribuer ce rôle à l'*A. sterilis*, plante spontanée en effet et commune dans le midi de l'Europe; il est même probable que ce fut au vers de Virgile que l'imagination poétique de Linné emprunta le nom de l'espèce. Or, c'est précisément parce que cette espèce est spontanée qu'elle ne se rencontre que rarement dans les moissons; elle s'élève moins d'ailleurs que les froments, et

surtout que la folle avoine. C'est donc à celle-ci certainement que doit s'appliquer, au moins d'une manière plus
spéciale, le *dominantur avenæ*. Peu de temps après Virgile,
Pline écrivait (*Hist.* lib. XVIII, cap. 17) : *Primum omnium
frumenti vitium avena est.* Il est vrai que cet auteur ajoute
que cette même avoine était cultivée par les Germains et
que la bouillie que ces peuples préparaient avec sa farine
constituait leur principale nourriture. Ceci prouve que l'*A.
sativa* n'était à cette époque ni cultivé en Italie, ni même
connu de Pline.

Le caractère tiré de l'articulation ou de la non articulation des fleurs, qui sépare si nettement les coupes de la
section des vraies avoines, est fixe, invariable et ne donne
lieu à aucune exception. On a vu que les espèces cultivées
constituent, à l'exclusion de toute autre, la division caractérisée par des fleurs non articulées avec le rachis de l'épillet.
Ces fleurs ne tombant point spontanément à l'époque de la
maturité, ne se détachant de l'épillet que par l'effet d'un
choc exercé sur celui-ci et par la fracture du rachis, on
conçoit que les espèces de ce groupe puissent seules être
cultivées en vue du produit de leurs graines, car la récolte
de ces graines n'est plus possible chez les espèces dont l'é-
pillet tout entier se désarticule par la base ou dont les fleurs,
toutes articulées, se détachent séparément. Si de tels caractères pouvaient varier, on serait fréquemment exposé à des
pertes partielles ou totales de récolte d'avoine, causées par
la chute hâtive des grains, tandis qu'il n'y a point d'exemple de tels accidents. D'un autre côté, si les espèces à
épillets caducs s'étaient montrées parfois avec des fleurs
persistantes, les agriculteurs n'eussent pas manqué de
chercher à tirer parti de ces races, ainsi devenues exploi-
tables, et ils se seraient surtout attachés à la culture de
l'*A. sterilis* qui, de toutes les espèces du genre, possède la

fleur la plus grosse et l'épillet le mieux fourni. Nous verrons bientôt que la culture de cette dernière a été effective-
ment essayée.

Ces observations ne sont pas tout-à-fait nouvelles, bien
que tout récemment M. Cosson les ait le premier nettement
formulées (*Bull.* cité, p. 14). D'abord, il est curieux de
voir comment Cupani désigna les avoines sauvages que de
son temps il observa en Sicile. Voici la phrase qui s'applique à notre *A. fatua : Avena elata, folliculis præ maturitate vacuis;* celle de l'*A. hirsuta : Avena gracilior, folliculis præ maturitate vacuis;* enfin celle de l'*A. sterilis : Festuca longissimis glumis vacuis.* Plus de la moitié du chemin
n'était-elle pas ainsi parcourue? Ne semble-t-il pas que,
pour compléter l'observation, il ne restât plus à Cupani
qu'à procéder à un examen facile, à se demander et à rechercher par quelle particularité de structure les glumes de
ses trois avoines sont *vides* avant la maturité complète,
quand, dans l'avoine cultivée, ces mêmes glumes ne laissent
pas échapper les fruits qu'elles enferment? Question aujourd'hui bien simple, sans doute, mais qui, au temps de
Cupani, dépassait les bornes étroites de la science nais-
sante.

Au commencement de ce siècle, un expérimentateur habile dont le livre mérite encore d'être consulté, Dumont de
Courset décrivit (*Bot. cult.* II, p. 124) une avoine qu'il
croyait nouvelle, peut-être à cause de l'origine présumée
exotique de ses graines, et qui n'est autre certainement que
l'*A. sterilis.* Tous les caractères qui distinguent si nettement
celle-ci sont ceux que l'auteur attribue à sa plante, et le
genre ne renferme aucune autre espèce à qui ces caractères
puissent s'appliquer. Eh bien, Dumont de Courset fait
usage dans la courte diagnose de son *A. Novæ Velliæ,* ainsi
que dans la description et les observations qui suivent, du

caractère de l'articulation de la fleur inférieure. Il dit dans sa phrase diagnostique : *Avena paniculata, calicibus 4-5-floris, seminibus hirsutis*..... SPICULIS CADUCIS ; et plus loin (j'évite de transcrire ce qui a moins de rapport au fait que je rappelle) : « L'épillet composé de 4 à 5 fleurs, a ses « balles calicinales égales, acuminées, striées et glabres ; « les 2 valves florales extérieures sont couvertes, jusques « aux deux tiers de leur longueur, de beaucoup de poils « roux et soyeux, et portent chacune une barbe fort tor- « tillée, qui s'insère un peu au-dessous du milieu de leur « dos, et qui se courbe au niveau de la pointe de la valve ; « la troisième fleur a encore des poils, mais la quatrième « et la cinquième sont glabres et quelquefois avortées. Lors- « que les épillets sont parvenus à la maturité, ils quittent « les balles calicinales et tombent ; mais les grains restent « si fortement attachés à l'axe, qu'il faut les en arracher « pour les en séparer..... Cette avoine peut se semer en au- « tomne ; elle résiste aux hivers des pays septentrionaux de « la France..... La chute prompte et spontanée des épillets « de cette avoine, la difficulté d'en séparer les grains, ne « permettent pas de la cultiver dans la vue de la laisser par- « venir à sa maturité. Ce serait une perte pour le cultiva- « teur, qui ne pourrait moissonner que son fourrage, et qui « serait obligé, pour avoir ses grains, de les faire récolter « sur la terre ».

Ainsi l'essai de culture de l'*A. sterilis* a été fait déjà de- puis un demi-siècle, et on voit que la cause organique qui rend cette récolte improductive n'avait pas échappé à Du- mont de Courset.

Quatre espèces seulement de la deuxième section du genre *Avena* (*Avenastrum* Koch) ont été observées dans la Gironde. Deux d'entr'elles, les *A. pubescens* et *pratensis,* ne présen- tent aucune particularité. Ce sont des plantes en général

assez répandues dans les terrains calcaires, et fort variables,
surtout la dernière. Une troisième, *A. Thorei* Duby (*A. lon-
gifolia* Thore non Req.), doit être considérée comme l'une
des plantes les plus caractéristiques de la région aquitanique. La quatrième est de même une plante exclusivement
occidentale dont les limites paraissent plus étendues que
celles de la précédente : c'est l'*A. sulcata* Gay, qui se rencontre autour de Bordeaux presque partout où croît l'*A.
Thorei*, mais en quantité moindre. On la trouve assez communément à Arlac. Il n'est pas probable que cette plante,
qui atteint souvent 1 mètre de hauteur, soit restée jusques
à ces derniers temps inaperçue dans nos environs; si elle
n'appelait pas l'attention, peut-être est-ce parce qu'on la
prenait pour l'une des deux premières. Par sa géographie
connue, l'*A. sulcata* ne pouvait pas manquer dans la Gironde. Au reste, ce n'est pas de la dernière saison que date
sa découverte et son admission dans notre flore, car, dès
1852, M. Chantelat l'inscrivait dans le Supplément à son
Catalogue des plantes de la Teste.

Il faut reconnaître que les espèces de cette deuxième section s'associent mal à celles de la première. Il semble qu'elles
devraient faire genre à part, au même titre que les *Arrhenatherum, Holcus, Aira, Trisetum, Gaudinia*, qu'on a
successivement retirés de l'ancien genre *Avena* pour en
former des groupes assez naturels et généralement adoptés.
Les caractères sur lesquels s'appuierait le nouveau démem-
brement ne seraient certainement pas plus faibles que la
plupart de ceux dont on s'est servi pour l'établissement des
autres genres, et on obtiendrait une association générique
tout aussi naturelle, surtout si on pouvait en détacher l'*A.
Thorei* pour le reporter à l'*Arrhenatherum*, ainsi que je l'a-
vais proposé il y a déjà bien des années; mais le caractère
constant des deux fleurs fertiles dans l'*A. Thorei* exige que

cette plante reste dans le groupe *Avenastrum*, dont le genre *Arrhenatherum* ne diffère précisément que par des épillets dont la fleur inférieure est mâle, la supérieure seulement étant hermaphrodite et fertile.

GLYCERIA PROCUMBENS Sm. — Le 18 Juin dernier, M. Lespinasse rencontrait à la Bastide, sur la jetée de la Garonne, quelques pieds de *Glyceria procumbens* Sm. (*Poa* Curt., *Sclerochloa* P. B., *Festuca* Kth.), avec bien d'autres plantes évidemment trop étrangères au pays pour qu'il fût possible de se méprendre sur les causes de leur présence fortuite à Bordeaux. Toutefois, le *Glyceria* mérite une mention particulière. Cette espèce, répandue sur les côtes de presque toute l'Europe septentrionale, croît jusques dans les rues peu fréquentées du Havre. Elle est commune encore sur le littoral du Morbihan et de la Loire-Inférieure, puis devient de plus en plus rare, et sa limite méridionale n'est pas, je crois, bien déterminée. Ce qu'il y a de positif, c'est qu'elle n'est pas spontanée autour de Bordeaux, et que les graines qui ont donné naissance aux individus trouvés par M. Lespinasse étaient à coup sûr venues d'ailleurs, probablement de l'un des ports de Normandie ou de Bretagne. Néanmoins, on ne devrait pas regarder comme impossible qu'il en fût autrement, et que ces graines eussent été apportées par le flux de la Garonne des côtes mêmes du département. Il ne serait point surprenant, en effet, que le *Glyceria procumbens* descendît jusques aux rivages aquitaniques, bien qu'il n'y ait pas été indiqué. Peu de graminées sont moins propres que celle-ci à appeler l'attention du botaniste ; elle croit ordinairement dans les lieux fréquentés et battus, et ressemble tellement à un *Poa* piétiné, que l'explorateur, s'il n'a pas l'éveil, n'est guère tenté de s'en occuper. Il peut bien se faire que l'apparence peu séduisante de cette plante l'ait fait négliger jusqu'ici. Elle devra donc être recherchée sur notre littoral ; on comprend que sa découverte ne serait pas sans intérêt, puisqu'elle nous permettrait peut-être de fixer avec plus de précision la limite méridionale de l'espèce.

BROMUS. — Je ne passerai point une revue complète de nos bromes. Si je m'arrête un instant sur ce genre, c'est surtout pour faire remarquer que le *B. sterilis* L., si vulgaire partout, si abondant autour des villes et parmi les décombres, sans être précisément rare dans la Gironde, s'y rencontre cependant en quantité bien moindre que le *B. Gussonii* Parlat. Celui-ci, du reste, ne peut pas conserver le titre d'espèce, car il ne diffère réellement du *B. rigidus* Roth (ap. Rœm. et Usteri. *Magaz. Botan.* tom. IV, fasc. X, p. 21, 1790), que par sa panicule plus fournie, à épillets penchés ou même pendants après la floraison, et par l'arête souvent plus courte. Dans les lieux fertiles voisins d'autres très-arides, nous le voyons passer, par des dégradations successives, de la première forme à la seconde, et devenir ainsi un vrai *rigidus*. Le *B. maximus* Desf. (*Fl. atl.* I, p. 95, t. 26, 1798) est encore une troisième forme de la même plante ; elle a tout l'aspect du *B. rigidus*, c'est-à-dire une panicule peu fournie et toujours droite : elle s'en distingue à peine par des épillets un peu plus gros, et l'arête plus longue encore. Cette dernière forme ne paraît pas exister dans la Gironde. Par droit d'antériorité, c'est le nom de *Bromus rigidus* Roth qui doit rester à l'espèce, et le *B. maximus* Desf. en devient une variété, tandis que, d'autre part, le *B. Gussonii* Parlat. et la plante de Roth constituent une variété unique sous deux formes qui passent de l'une à l'autre, selon les lieux. Je rappellerai cependant que E. Desvaux, dont l'opinion est toujours d'un grand poids sur une question de graminées, tenait le *B. maximus* Desf. comme une espèce à part. Il est vrai qu'il s'appuyait alors

sur l'examen qu'il venait de faire d'échantillons exceptionnels, rapportés de Tanger par M. Blanche, qui se faisaient
remarquer par le volume de leurs fleurs et la longueur excessive de l'arête.

TRITICUM sect. *Agropyrum* (AGROPYRUM P. B.). — Je n'ai
point à présenter d'observation qui me soit propre sur cette
section difficile du genre *Triticum*. Je me suis aperçu seulement que nous en avions des formes assez variées, et je les
ai soumises à M. le Dr Godron, Doyen de la Faculté des
Sciences de Nancy, qui a fait de ce groupe une étude ap-
profondie. C'est le résultat des déterminations du savant
professeur que je donne ici. Je me bornerai à inscrire simplement des noms, sans les accompagner des observations
intéressantes que M. Godron a bien voulu m'adresser au
sujet de chacune de nos formes, car je ne crois pas devoir
anticiper sur la publication prochaine de l'auteur des Graminées de la Flore Française, travail impatiemment attendu
des botanistes, et qu'ils espèrent voir bientôt paraître avec
le dernier volume de cette Flore.

L'*Agropyrum*, si commun dans les prés salés du Teich,
sur les bords de la Leyre et des réservoirs à poissons de
mer, est le *Triticum pungens* Pers., à fleurs longuement et
courtement aristées ou tout-à-fait mutiques. Sa variété *ma-
crostachyum* Godr. est aussi fort commune dans les mêmes
lieux : elle se fait remarquer par un épi plus large, à épillets
plus gros et disposés un peu obliquement sur le rachis. Le
T. pungens a été pris récemment pour le *T. acutum* DC.,
mais nous avons aussi cette dernière espèce ; on la trouve
dans les sables de la Teste, où elle paraît assez rare. Le *T.
repens* L., polymorphe partout, se montre également chez
nous sous des formes très-variées qui simulent parfois des
espèces. Enfin, un autre *Agropyrum*, fort commun autour
de Bordeaux, reconnaissable de loin à la teinte glauque de

toutes ses parties, n'est point, comme je l'avais cru, une simple variété glauque du *T. repens* ou le *T. glaucum* DC., mais bien une plante distincte de celles-ci, rapportée par M. Godron à son *T. pycnauthum* comme variété *campestre*. Ce rapprochement m'ayant paru un peu forcé, je n'ai point hésité à communiquer mes doutes à M. Godron, qui a franchement reconnu que la plante de Bordeaux et du midi de la France se rattachait de trop loin, peut-être, à son *T. pycnauthum*, et qu'elle réclamait un nouvel examen. Attendons-en le résultat. Dans tous les cas, l'*Agropyrum*, encore douteux, reste bien distinct, selon M. Godron, de toutes les formes du *T. repens.*

Le *T. pycnauthum* Godr. se reconnaît à ses glumes et glumelles obtuses, à nervure médiane se terminant en une sorte de callosité ou de mucro épaissi. M. Godron a reçu cette belle espèce de divers points des côtes océaniques ; il est à peu près sûr que nous la trouverons sur notre littoral.

Les *T. junceum* et *caninum*, sur lesquels il ne peut pas s'élever de doutes, n'ont point été soumis à M. Godron. En ajoutant ces deux *Agropyrum* aux quatre premiers, sur lesquels le savant botaniste a eu l'obligeance de nous renseigner, c'est en tout six espèces de ce groupe que compte déjà notre flore, en attendant la septième.

Scirpus. — Ce genre, embrassé dans ses plus larges limites, c'est-à-dire en y comprenant tous ses démembrements, est richement représenté dans la Gironde, et pourtant il se peut bien que nous ne connaissions pas toutes les richesses qu'il semble nous promettre encore. Rappelons-nous que les *S. ovatus* L., *cæspitosus* L., *supinus* L., *Duvalii* Hoppe, *mucronatus* L., *Michelianus* L. ne sont point inscrits dans notre flore, et qu'il n'y a pas de raison pour que la plupart de ces espèces, si ce n'est toutes, n'en puissent faire partie, tandis qu'il faudra peut-être en effacer le *S. compressus* Pers., observé seulement à la Bastide, c'est-à-dire là où se montrent accidentellement tant d'autres plantes étrangères à nos contrées. Le *S. compressus*, en effet, est une plante du nord-est et du nord de la France, où elle est fort commune. Elle devient rare dans le nord-ouest, pour disparaître à peu près en Bretagne; il est donc peu probable qu'elle arrive spontanément jusqu'à nous.

Les *S. ovatus* (*Helæocharis* R. Br.) et *supinus*, assez rares partout, surtout le premier, sont des plantes cantonnées çà et là : elles semblent rechercher plutôt les stations à leur convenance, que se renfermer dans une région botanique déterminée. Cependant, c'est encore dans l'est et le nord de la France qu'on les rencontre le plus fréquemment. Elles croissent aussi en Bretagne, et l'une d'elles, l'*ovatus*, plus au sud encore; il se pourrait donc que leurs éclaireurs s'avançassent jusque dans les marais de nos landes. Il y a plus de probabilité qu'on y rencontrera le *S. cæspitosus;* il est vrai que cette espèce habite ordinairement les hautes montagnes, mais elle descend volontiers dans les plaines marécageuses : on la trouve dans le département des Landes, ainsi on peut s'attendre à la retrouver dans les landes de la Gironde. Le *S. Duvalii* est encore une espèce probable, dont je ne parlerai pas autrement, attendu que M. Ch. Des Moulins a découvert l'été dernier à Vayres, sur les vases de la Dordogne, un beau *Scirpus* dont il n'a pas encore terminé l'étude, et qui paraît se rapprocher beaucoup du *Duvalii*, si ce n'est lui-même. Je ne veux donc rien préjuger sur les prochaines communications de M. Ch. Des Moulins. Le *S. Michelianus* ne devrait pas manquer dans la Gironde, puisqu'il se trouve d'une part dans les Landes, de l'autre en Vendée et en Bretagne. Le *S. mucronatus* n'est pas tellement méridional, qu'il ne puisse également croître sur notre sol. Si cependant il n'y est point spontané, on doit s'attendre à le voir quelque jour apparaitre dans les rizières de Cazau. J'en dirais autant du *S. littoralis* Schrad. si celui-ci n'était un peu plus méridional que le *mucronatus*, et si, par conséquent, ses chances de spontanéité n'étaient encore moindres.

Si l'on considère que, grâce aux actives recherches des botanistes bordelais, notre flore s'est grossie de cinq espèces de *Scirpus* dans l'espace de quelques années : les *S. uniglumis* Link, *Tabernœmontani* Gm., *pauciflorus* Lightf. (*S. Bœsthryon* Ehrh.), *Savii* S. M. et *parvulus* R. S., on peut espérer, je crois, voir le nombre de ces espèces s'accroître encore d'une ou de plusieurs de celles que j'indiquais plus haut. On sait avec quelle profusion le *S. parvulus* est répandu dans les environs de la Teste, qu'il forme en certains endroits baignés par les hautes marées, de véritables prairies ; eh bien, qu'on se rappelle que cette plante si abondante dans la localité maritime du département la plus fréquentée et la mieux connue, n'y a pourtant été bien distinguée que depuis six à sept ans, et on comprendra qu'il reste beaucoup de chances de découvrir d'autres espèces de *Scirpus*, sur les points si nombreux encore qui sont demeurés jusques à présent à peu près inexplorés.

Le 9 Août dernier, M. Ch. Des Moulins et moi étions allés visiter les prés salés du Teich. En quittant les terrains salés pour nous rendre à Facture, nous commençâmes à rencontrer le *S. setaceus* sur le sol d'eau douce, dès que l'influence immédiate des eaux salées cessa de se faire sentir, quand, bien entendu, nous n'avions vu que du *S. Savii* sur les terrains salés. Nous ne fûmes pas peu surpris de retrouver celui-ci en deçà de la dernière limite du *S. setaceus*, dans les fossés et sur les limons que l'eau douce seule avait baignés Il me parut intéressant de reconnaitre les

derniers points de contact de ces deux espèces et de constater, si c'était possible, leurs empiètements mutuels. Le
20 Août suivant, je retournai aux mêmes lieux dans l'unique but de me livrer aux recherches minutieuses que de-
mandait un pareil examen : je crois être arrivé au résultat
que je cherchais. J'ai pu reconnaître, en effet, que le *S.
setaceus* n'abandonnait jamais l'eau douce et ne pénétrait
pas dans la station saline du *Savii*, tandis que celui-ci fran-
chissait partout la limite extrême des terrains salés, la ligne
même du partage des eaux, pour entrer dans les domaines
du *setaceus*, auquel j'ai pu le voir mêlé dans les mêmes
fossés.

JUNCUS. — On trouve aux portes de Bordeaux, dans les
parties les plus profondes des mares de la lande du Tondut,
l'une des plus belles et des plus curieuses espèces du genre,
le *Juncus heterophyllus* L. Duf., plante restée longtemps
peu connue des auteurs, puisqu'ils ne l'admettaient point
comme espèce distincte dans leurs livres, bien qu'elle soit
l'une des mieux caractérisées du groupe des joncs à feuilles
cloisonnées (1).

Lorsque je rencontrai pour la première fois ce beau jonc
dans les marais du Tondut, je ne connaissais pas encore
bien sa géographie, et je la croyais plus limitée qu'elle ne
l'est réellement ; aussi j'eus un moment l'idée d'étudier particulièrement cette plante, et d'en faire le sujet d'une notice
accompagnée de quelques figures. Je renonçai bientôt à ce

_____

(1) Le *Juncus heterophyllus* fut publié en 1825, par M. L. Dufour,
dans les *Annales des sciences naturelles*. Un peu avant cette époque, l'éveil avait été déjà donné sur cette belle espèce, par M.
Guilland, alors capitaine d'artillerie, qui, l'ayant observée dans les
eaux des environs de Mimizan, l'avait en conséquence nommée *J.
Mimizani,* nom resté inédit, mais qu'on retrouve encore dans quelques herbiers.

projet, en apprenant que le *J. heterophyllus*, aujourd'hui
mieux connu des botanistes, n'était plus pour personne une
espèce douteuse, que ses limites étaient plus étendues que
je ne l'avais supposé, qu'on ne l'avait pas seulement observé
dans les zones submaritimes, comme dans les quatre localités d'où il m'était alors connu, les landes aquitaniques, la
Corse, la Toscane et la Calle en Algérie, mais qu'il pénétrait assez avant dans les terres et qu'on l'avait déjà signalé
dans un grand nombre de lieux de l'ouest et du centre de la
France. De plus, M. Cosson ayant, dans une courte note
(*Pl. crit.* p. 69), fait suffisamment ressortir les principaux
caractères qui distinguent cette espèce de ses congénères
les plus voisines, je n'aurai que peu de chose à ajouter sur
ce point.

Je rappellerai d'abord que la plupart des botanistes ont
réuni le *J. heterophyllus* au *J. lampocarpos*, dont il diffère
par l'ensemble de ses caractères, plutôt qu'au *J. uliginosus*
avec lequel il a des rapports bien plus marqués. De tous les
auteurs qui ont méconnu le *J. heterophyllus*, Kunth est, à
ma connaissance, le seul qui ait rapporté cette plante à
l'*uliginosus*, mais comme simple synonyme et sans y voir
même une variété.

Le *J. heterophyllus* diffère de l'*uliginosus* par ses feuilles
aériennes très-grosses, cylindriques, nettement cloisonnées
et fortement noueuses, non menues, légèrement compri-
mées et canaliculées, faiblement cloisonnées, à diaphragmes
non sensibles à l'extérieur; par ses feuilles inondées et hi-
bernales à diaphragmes très-espacés mais bien visibles, et
non pas continues. Le *J. heterophyllus* est constamment
hexandre, l'*uliginosus* tantôt hexandre, tantôt triandre; les
anthères mesurent deux fois la longueur du filet dans le
premier, elles sont égales au filet ou un peu plus courtes
dans le second; le style de celui-là égale la longueur de

l'ovaire et se divise en trois branches stigmatifères dressées, plus longues que leur support et dépassant la fleur ; le style de celui-ci, beaucoup plus court que l'ovaire, se termine par des branches stigmatifères courtes, très-ouvertes et incluses. Les capsules de l'*uliginosus* s'arrêtent à hauteur des divisions du périanthe, leur sommet est très-obtus et brièvement mucroné, quand celles de l'*heterophyllus* sont rétrécies au sommet, un peu plus courtes que le périanthe, mais très-longuement apiculées par le style persistant : nous trouvons des graines courtement ovoïdes dans l'intérieur de celles-ci, oblongues et atténuées aux deux bouts dans celles-là.

Quelque importants que paraissent les caractères différentiels que je viens de rappeler, le port et la manière de vivre des deux plantes présentent des différences plus frappantes encore. Je ne chercherai point à les faire ressortir toutes, afin de ne pas surcharger cette Note de détails sans utilité, puisque la question spécifique n'est plus douteuse pour personne.

Le *J. heterophyllus* aime les eaux profondes. Il vient mal et fleurit peu au bord des mares, là où la couche d'eau est réduite à quelques centimètres de profondeur. Vers la fin du printemps, ses chaumes jusque-là complètement submergés et munis seulement de feuilles filiformes, presque confervoïdes, viennent apparaître à la surface, en se couronnant de 3 à 5 feuilles fort différentes des premières, grosses, roides, cylindriques, longuement pointues, très-nettement cloisonnées et fortement noueuses aux diaphragmes. Bientôt la cime florale se dégage de la gaîne de la feuille supérieure. Lorsque la plante a mûri ses fruits, les feuilles aériennes se détruisent, le chaume alors retombe au fond de l'eau et passe à l'état de rhizôme dont chaque nœud commence aussitôt à s'enraciner dans le limon et à émettre un faisceau

5

de nouvelles tiges, qui se couvrent de feuilles confervoïdes. Au commencement de l'automne, lorsque ces jeunes pousses ont atteint quelques centimètres de hauteur, tous les méritballes du rhizôme se détruisent rapidement, et chaque touffe constitue désormais un individu isolé. Ainsi, voilà une plante dite vivace qui ne conserve plus rien de vivant de l'individu dont elle procède : c'est moins une plante vivace qu'une plante renouvelée. Ce fait n'est pas sans analogie avec celui que présente l'*Eryngium viviparum* Gay, mais ce dernier est réellement vivace; le pied ne meurt pas tout entier après l'enracinement des gemmes, et l'individualité de la plante même se continue par une souche permanente.

Là ne se bornent point les évolutions du *J. heterophyllus*. Les tiges que nous venons de voir surgir à l'automne des nœuds de la tige fructifère devenue rhizôme, ne sont point celles qui fleuriront plus tard. A peine longues d'un décimètre, elles s'affaissent sur le limon, et, à mesure qu'elles s'allongent, les nœuds prennent immédiatement racine. C'est de ces nœuds, et quelquefois aussi du bourgeon terminal, que s'élèveront, au printemps suivant, les tiges florifères. Ces rhizômes de seconde formation et le nœud enraciné dont ils sont sortis, meurent et se détruisent à l'époque où la tige qui a porté fruit passe à l'état de rhizôme générateur.

Des évolutions à peu près semblables s'observent sur une variété très-remarquable du *J. uliginosus*, assez commune dans nos landes marécageuses.

Le *J. uliginosus* Roth est, comme on le sait, une espèce très-polymorphe. Il se présente dans la Gironde, sous trois formes ou races principales qui méritent d'être étudiées comparativement, non pas au point de vue spécifique, car il est assez évident que ces formes, bien que différentes de port, ne sont que des variétés d'un type unique, mais sous le rapport de leur évolution hibernale qui n'est pas semblable dans toutes.

L'une de ces variétés forme sur le sol humide ou rarement inondé, des touffes gazonnantes, quelquefois fort épaisses, d'où sortent de nombreuses tiges grêles, peu ou point renflées à la base, ordinairement couchées ou à peine redressées ; la cime est peu fournie, les capitules pauciflores, presque tous vivipares, à fleurs triandres ou rarement hexandres : c'est la plante à laquelle beaucoup d'auteurs ont particulièrement réservé le nom de *supinus*, nom que d'autres appliquent à l'espèce en général. Je n'ai pu encore observer en place la deuxième forme ou variété *fluitans* (**J.** *fluitans* Lam. et quorumd.) ; je l'ai vue seulement dans l'herbier de M. Ch. Des Moulins, recueillie par lui à Cestas. On sait que cette variété se reconnaît à ses tiges longuement flottantes, à ses capitules clair-semés et pauciflores, et on est porté à considérer cet état comme l'effet de la submersion complète et constante de la plante. Cela est vrai sans doute jusqu'à un certain point, mais non pas d'une manière absolue, car la troisième variété dont il me reste à parler, et que j'aurais dû nommer la première, comme étant à mon sens l'expression la plus parfaite de l'espèce, croît ordinairement dans l'eau, au moins est-elle plus ou moins inondée pendant la plus longue période de son existence, et toujours submergée en hiver. Or, cette forme est précisément celle qui s'éloigne le plus de la forme *fluitans*. Ses tiges peu nombreuses sont droites ou dressées ; fermes, renflées en bulbe au collet, à cime composée, moins divariquée et plus fournie que dans les deux autres variétés, à capitules jamais ou très-rarement vivipares, formés de 6-12 fleurs le plus souvent hexandres. C'est sur cette forme que j'ai observé une suite de développements analogues à ceux que m'a présentés le *J. heterophyllus* Cependant, si par le retrait ou l'évaporation de l'eau, la plante se trouve complètement mise à sec à l'automne, alors les tiges fructifères se dessèchent sans passer à l'état de rhizôme radicant, mais la vie ne s'éteint pas dans le vieux pied, et ses renflements bulbiformes émettent le plus souvent de nouvelles pousses.

Je n'ai pas suivi les deux premières variétés dans leurs différentes phases de végétation ; je n'ai surtout aucune donnée sur le développement de la variété *fluitans*, et quant à la variété *supinus*, sa manière de vivre ne permet pas d'admettre pour elle un mode d'évolution semblable à celui que vient de nous présenter le *J. heterophyllus*.

Deux autres espèces du même genre paraissent avoir été longtemps confondues dans notre flore, sous le nom de *J. Gerardi* : ce sont le *J. bulbosus* L. (*J. compressus* Jacq.) et *J. Gerardi* Lois. (*J. nitidiflorus* L. Duf. in *Ann. sc. nat.*, 1825), espèces fort distinctes, qui ne se ressemblent que par le port. Leurs caractères différentiels étant généralement connus, je ne les reproduirai point ici. On les trouvera indiqués dans la plupart des flores nouvelles, et nulle part plus clairement exposés que dans la *Flore du Morbihan* de M. Le Gall, p. 626.

Jusques à ces derniers temps, j'avais suivi l'exemple de la plupart des botanistes qui rejetaient le nom de *bulbosus* L. pour adopter le nom postérieur de *compressus* Jacq., se fondant sur ce que Linné, dans la première édition du *Species*, avait confondu sons ce nom de *bulbosus* deux plantes fort différentes : celle que Jacquin nomma *compressus* et le *J. uliginosus*, créé plus tard également par Roth. Il paraît que les phrases synonymiques des vieux auteurs amenèrent, en effet, cette confusion dans la première édition du *Species* ; mais on ne la retrouve plus dans la deuxième (p. 466) où la phrase diagnostique, et surtout la courte description supplémentaire s'appliquent parfaitement au *bulbosus*, bien que certaines citations se rapportent encore à l'*uliginosus*, c'est-à-dire à une plante que Linné n'avait probablement pas sous les yenx, puisqu'elle n'existe pas dans son herbier. Si nous n'avions que le texte du livre pour toute garantie, des doutes pourraient nous rester encore ; mais il y a des preuves bien autrement convaincantes. Déjà Smith, possesseur de l'herbier de Linné, avait averti les botanistes de la concordance des échantillons de cet herbier avec la descripton du *Species*, et récemment le fait a été mis hors de doute par M. Hartman, dans son curieux travail critique sur les plantes de l'herbier de Linné, qui se rapportent à la flore scandinave (voy. Hartman *Anteckning. vid de Skandin. Vaxtern. i Linn. herb.* in *Vetensk. acad. Handling.*, 1851). Nous lisons (p. 382) que tous les échantillons de cet herbier, étiquetés *bulbosus*, appartiennent à cette espèce, telle que nous l'entendons, et que ce nom de *J. bulbosus* est écrit à côté des échantillons, de la main de Linné lui-même, *propriâ manu*. En présence d'un fait si clair, il est évident que le nom de *J. compressus* Jacq. doit être définitivement abandonné, et qu'il est rationnel autant que juste de restituer à la plante Linnéenne le nom de *J. bulbosus* qu'elle n'aurait jamais dû perdre.

Les *J. bulbosus* et *Gerardi* s'excluent mutuellement : c'est-à-dire que celui-ci ne croît que dans les lieux salés, soit maritimes, soit de l'intérieur. Le *J. bulbosus*, au contraire, ne quitte pas l'eau douce ; on le rencontre assez fréquemment dans les pâturages battus qui bordent les rivières, et il aime la compagnie du *Potentilla anserina* et du *Nasturtium sylvestre*. Le *J. Gerardi* foisonne dans certains prés salés du Teich ; mais il est probable que la plupart des localités qu'on lui assigne dans les environs de Bordeaux se

rapportent plutôt au *bulbosus*. Néanmoins, il ne serait pas impossible que le *Gerardi* eût été trouvé sur les bords du fleuve,
là où nous voyons si souvent remonter des plantes essentiellement maritimes et jusqu'au *Glaux maritima* lui-même.

Deux espèces du même genre sont à rechercher dans la
Gironde. L'une , *Juncus tenuis* Willd., plante commune aux
Etats-Unis, vient toucher à plusieurs points de l'Europe
occidentale, notamment à Nantes, où M. Lloyd l'a rencontrée : elle pourrait bien se retrouver ici. L'autre, *Juncus
anceps* Laharpe, outre ses localités méridionales, croît à
Bayonne, au Mans et dans les plaines de la Sologne. Il est
donc probable qu'elle existe aussi dans nos landes, où il serait intéressant de la constater, car cette découverte com-
plèterait en quelque sorte la géographie connue de l'espèce.

WOLFFIA. — SPIRODELA. — Pour les botanistes bordelais
qui se livrent à l'exploration de nos contrées et qui ambi-
tionnent l'honneur de nouvelles découvertes, il est un sujet
de recherches bien digne d'exciter vivement leur ardeur, et
dont le succès assurerait à celui qui aurait eu le bonheur de
l'obtenir, une véritable renommée dans le monde botanique.
Je veux parler des organes floraux et fructifères du *Wolffia
Michelii* Schleid. (*Lemna arhiza* L.), lesquels sont restés
inconnus jusques à ce jour.

Si, malgré l'ignorance où l'on est de la structure de sa
fleur, le *Lemna arhiza* a été placé par M. Schleiden dans
son genre *Wolffia,* c'est à cause de sa parfaite analogie avec
deux espèces étrangères, types du genre, dont les organes
reproducteurs sont parfaitement connus et ont été décrits
et figurés par l'auteur du genre et par M. Weddel. Or, ce
Lemna arhiza ou *Wolffia Michelii* Schleid., croît en telle
abondance dans nos environs, et jusque dans des fossés dé-
pendants d'une rue de la ville, qu'un botaniste bordelais se
trouve tout naturellement placé dans les conditions les plus

favorables d'observation et de réussite. Contrairement aux autres Lemnacées, notre *Wolffia* n'apparaît que très-tard dans la saison; c'est seulement vers la fin de Juillet qu'il commence à se montrer à la surface des eaux tranquilles, et il disparaît à la fin de l'automne. Ce serait donc pendant une période de quelques mois seulement que le *Wolffia* ne devrait pas être perdu de vue, qu'il faudrait l'examiner attentivement dans tous les lieux où son existence sera connue, dans tous les sites comme à toutes les expositions. On peut espérer que des recherches faites avec ce soin et suivies chaque année avec persévérance, seraient quelque jour couronnées de succès. Si cet espoir se réalise, l'auteur de la belle découverte devra bien se garder de procéder par les moyens ordinaires à la dessiccation des précieux échantillons fructifiés, mais il les conservera dans des flacons remplis d'alcool, après les avoir débarrassés des corps étrangers, et surtout du *Telmatophace gibba*, sous la protection duquel le *Lemna arhiza* se place fréquemment.

Le *Wolffia Michelii* n'est pas la seule de nos Lemnacées à rechercher activement en fructification. Il en est une autre plus généralement répandue, commune aussi autour de Bordeaux, dont il ne serait pas moins intéressant de découvrir la fleur, le fruit surtout; plus intéressant peut-être, puisque la place du *Lemna arhiza* est bien évidemment marquée dans le genre *Wolffia*, tandis qu'il n'est pas encore bien constaté que le *Lemna polyrhiza* doive constituer un genre à part.

M. Schleiden a créé pour cette plante le genre *Spirodela;* il l'établit moins sur des caractères tirés des organes reproducteurs jusqu'à présent très-imparfaitement connus, que sur l'existence dans toute l'épaisseur du tissu de la fronde de nombreux vaisseaux spiraux qui manquent, ou dont on trouve à peine des traces dans les autres Lemnacées. L'auteur a pensé qu'une différence aussi essentielle dans la structure des tissus devait coïncider avec des différences non moins marquées dans les organes de la fructification. Cette supposition n'est pas encore devenue une certitude, car le *Lemna polyrhiza* a été vu une seule fois en fleurs ; mais le fruit n'ayant été connu ni de M. Schleiden ni d'aucun autre botaniste, il en résulte que le genre *Spirodela* reste encore un peu hypothétique. Quel que soit donc le degré de probabilité qu'on accorde à l'hypothèse du célèbre organographe, il ne faut pas oublier qu'elle est encore à prouver et qu'elle ne peut l'être que par la découverte de la fructification parfaite du *Spirodela polyrhiza*.

Les fleurs de cette plante n'ayant été aperçues qu'une fois seulement, dans un état très-imparfait et complètement nul pour l'étude du fruit et de la graine, on comprend l'intérêt scientifique qui s'attacherait à la découverte de ces organes. Cette découverte a été déjà faite pourtant, par un botaniste habile et des plus éclairés ; mais uniquement occupé d'autres études botaniques, ignorant alors que la fructification du *polyrhiza* fût si peu connue, il ne tint pas assez de compte de sa belle trouvaille et négligea de s'en approvisionner. Feu E. Desvaux, dont je me suis plu à reproduire le nom dans ces Notes, rencontra un jour en abondance le *Spirodela polyrhiza* en pleine fructification dans le département de Loir-et-Cher, près de la petite ville de Montdoubleau qu'habite sa famille. Qu'on juge de ses regrets lorsque, de retour à Paris, il apprit qu'il venait de laisser échapper une des plus belles et des plus rares occasions qui puissent se présenter en France aux recherches d'un botaniste ! Il espérait ressaisir cette occasion plus tard, mais lorsqu'il retourna à Montdoubleau, ce fut pour se coucher sur son lit de mort !

ZOSTERA. — On lit dans le n.° de Septembre du Bulletin

de la Société botanique de France, l'annonce de la découverte que je venais de faire du *Zostera nana* Roth autour du bassin d'Arcachon. Dans leur empressement à citer mon nom, empressement dans lequel j'ai reconnu avec bonheur la continuité de leur bienveillance, MM. les rédacteurs du Bulletin ont attribué à cette découverte, si découverte il y a, plus d'importance qu'elle n'en a réellement; ils ont oublié un moment que le *Z. nana* a été déjà observé par plusieurs botanistes, notamment par M. Gay, sur de nombreux points de notre littoral océanien, et que cette même zostère est inscrite dans les flores de MM. Le Gall et Lloyd. J'ai simplement indiqué une localité de plus pour une plante qui se trouve probablement partout sur les rivages de nos deux mers, c'est-à-dire que je n'ai ajouté qu'un fait bien minime à l'histoire de sa géographie. Néanmoins, cette circonstance me fournit l'occasion de remonter à la première découverte de cette plante en France, et d'en faire connaître l'auteur.

Cette découverte n'appartient à aucune des personnes que je viens de nommer, ni même à feu Delile qui, antérieurement encore, paraît avoir observé le *Z. nana* sur les côtes de la Méditerranée. Il y a un demi-siècle, c'est-à-dire plus de vingt ans avant que Roth publiât son espèce, laquelle avait été déjà observée avant lui d'ailleurs, et même figurée, dès 1792, par le botaniste napolitain Cavolini, sous le nom de *Phucagrostis minor*, il y a un demi-siècle, dis-je, un bordelais, M. le D.r de Lamothe, la découvrait pour la première fois en France et la recueillait en abondance et bien fructifiée sur les bords de la mer, près Montpellier, où il suivait alors les cours de la célèbre Faculté de cette ville. La plante existe encore en grand nombre dans l'herbier de M. de Lamothe, malgré les libéralités qu'il en a faites; l'étiquette porte la date de 1805, avec ce nom en doute : *Zostera mediterranea?* On comprend qu'il n'était pas possible

alors d'arriver à une détermination plus exacte. C'est donc
le nom de M. de Lamothe qui doit figurer en tête des botanistes qui les premiers observèrent et recueillirent en France
le *Z. nana*.

L'herbier de M. de Lamothe renferme bien d'autres plantes
rares de la flore de Montpellier et des Cévennes, découvertes par lui de 1803 à 1806, lesquelles n'ont été retrou-
vées que bien plus tard, ou dont il fit connaître l'existence
dès-lors. Je citerai le *Vallisneria* qui, à cette époque, n'en-
combrait pas comme aujourd'hui le canal du Midi, et dont
les localités connues étaient encore peu nombreuses. Déjà
pourtant, en 1805, cette plante croissait avec une extrême
abondance tout près de Montpellier, dans le Lez, où personne, pas même Gouan, ne l'avait aperçue. M. de Lamothe la remarqua le premier, et il en prépara de nombreux échantillons qui, aujourd'hui encore, semblent fraî-
chement récoltés. Il en est de même de l'*Aldrovanda*, qui
date du même temps, et dont on compte dans l'herbier des
centaines d'échantillons, seuls représentants aujourd'hui
d'une plante qui a disparu des lieux où elle abondait alors.
Bien différent des herbiers de cette époque, celui de M. de
Lamothe remplit toutes les conditions qu'on exige maintenant de ces sortes de collections. Il ne se fait pas seulement
remarquer par le nombre, la beauté, l'excellent état des
échantillons, mais encore par la justesse des déterminations, l'inscription des localités et des dates, détails reconnus indispensables aujourd'hui, mais auxquels on ne pen-
sait guère il y a cinquante ans A la vue de cet herbier, si
on se reporte au temps où il fut commencé, on est frappé
de l'intelligence, du savoir, comme aussi de la prodigieuse
activité qui durent présider à sa formation, et on regrette
vivement que son possesseur ait abandonné sitôt une science
où il avait si heureusement débuté et aux progrès de laquelle

il eût, à coup sûr, efficacement contribué pendant le demi-
siècle qui vient de s'écouler.

Le désir et le devoir de payer un juste tribut d'éloges au
vieil herbier de M. de Lamothe m'a entraîné hors de mon
sujet : je me hâte d'y rentrer.

Avant d'aller plus loin, je ferai remarquer que le *Z. nana*
devrait perdre le nom qu'il a reçu de Roth pour prendre
celui de *Z. uninervis* Forskh. (Vahl, *Enum. pl.* 1, p. 14)
que lui avait une première fois restitué Reichenbach (*Fl.
Germ. exc.* I, p. 137), s'il est bien vrai que le *Z. uninervis*
de la mer Rouge ne diffère du *Z. nana* des mers d'Europe
et d'Afrique que par des feuilles longues d'une palme au lieu
de n'être que de la longueur du doigt. (Voy. Koch, *Syn.*
ed. 2.ᵃ p. 783.). Nous verrons bientôt, en effet, que le *Z.
nana* pousse, dans certaines circonstances, des feuilles bien
autrement longues que celles attribuées au *Z. uninervis.* Ce
dernier nom aurait de plus l'avantage d'être très-significatif,
car les feuilles du *Z. nana* sont surtout caractérisées par
une nervure principale unique, comme celles de l'*angustifolia* par trois nervures et celles du *marina* par cinq.

Toutefois, on peut se demander s'il ne serait pas plus
juste, plus conforme aux règles de la nomenclature, d'écar-
ter les deux noms qui précèdent, pour adopter définitivement celui de *Z. minor* Nolte (Rchb. *Icon. Germ.* VII,
p. 2, tab. II), qui consacre le premier nom que l'espèce a
reçu. La seule objection qui se présente, c'est que, pour
Cavolini, ce nom de *minor* était relatif : il exprimait les dimensions moindres de son *Phucagrostis minor* comparé à
son *Phucagrostis major*. Or, celui-ci est devenu le *Cymo-
docea æquorea*, plante qui a tout le facies d'un *Zostera*,
mais qui en est bien différente par sa structure florale. Le
nom de *Z. minor,* impliquant une idée de relation avec une
espèce qui n'appartient plus au genre, perd ainsi la plus

grande partie de sa valeur, malgré son antériorité incontestable, et ne doit peut-être pas être repris.

Le *Z. nana* n'existe peut-être nulle part en aussi grande abondance qu'au bassin d'Arcachon. La zone de verdure, quelquefois fort large qu'il forme autour du bassin, occupe la partie moyenne de la plage que la mer découvre, et se rapproche des points couverts seulement par la haute mer. Cette zostère fructifiant partout, il semble qu'il n'y eût qu'à se baisser pour apercevoir les spathes et être mis ainsi sur la voie; mais personne ne songeait à examiner la petite plante qui forme le gazon de ces longues prairies, parce qu'on la prenait pour du *Z. marina* naissant, et arrêté dans son développement par suite de son éloignement des grandes eaux. J'aurais à coup sûr partagé la même idée si le *Z. nana* ne m'eût été connu d'avance.

Les feuilles de cette espèce sont ordinairement assez courtes et ne dépassent guère 1 ou 2 décimètres; mais si la plante croît exceptionnellement dans une eau profonde, dont le lit ne découvre jamais, ses feuilles s'allongent beaucoup et peuvent atteindre près d'un mètre. C'est ainsi que je les ai observées une fois dans les eaux très-saumâtres des réservoirs à poissons du Teich, là où peut encore croître une petite forme de *Nymphæa alba*, dont je parlerai dans un second article. En cet état et dans de telles conditions, la zostère doit fructifier rarement; néanmoins sa floraison n'en est pas absolument empêchée, car M. Ch. Des Moulins qui a vu la plante dans l'endroit même que je viens de citer, a trouvé quelques spathes florifères.

Lorsque, à mer basse, on s'avance sur la plage, on commence à rencontrer le *Z. nana* par petits groupes épars, qui s'étendent et se rapprochent de plus en plus, puis il forme des bancs continus où se mêle, en faible proportion d'abord, une autre zostère généralement regardée comme

une variété du *Z. marina* (*Z. marina* β. *angustifolia* auctt.),
mais donnée et figurée par Reichenbach comme espèce distincte sous le nom de *Z. angustifolia* (*Icon. Fl. Germ.* VII,
p. 3, tab. III) et admise également par M. Babington
(*Man. of Brit. bot.* 2.ᵈ ed. p 346). En continuant de s'a-
vancer vers la basse mer, on voit augmenter graduellement la
masse de ce *Z. angustifolia* et diminuer celle du *nana*, jusqu'à
ce que celui-ci finisse par disparaître et laisse la place libre
au premier. Cependant, le *Z. marina* type n'a pas encore
paru ; on ne commence à le rencontrer que sur les bas-fonds
qui découvrent à peine aux plus basses marées, et il s'étend
ensuite en vastes prairies sous-marines, qui cessent à une
certaine profondeur. La manière de vivre de ces deux plantes
est si différente, la station particulière à chacune d'elles si
bien définie, qu'il est difficile, en les voyant en place, de
ne pas croire à deux espèces.

Si le *Z. angustifolia* n'est qu'une variété du *marina*, il
ne faut pas supposer cependant que ce soit uniquement aux
conditions biologiques particulières qui lui sont faites par sa
situation amphibie, que doive être attribuée la réduction de
toutes ses parties, c'est-à-dire un rhizôme moins épais, des
feuilles moins longues, bien plus étroites, à trois nervures
principales au lieu de cinq. Un fait bien constaté prouvera
qu'il faut chercher ailleurs la cause de ces différences. J'ai
rencontré le *Z. marina* végétant exceptionnellement et en
petit nombre dans une clairière de la zone de l'*angustifolia*.
Le type se faisait reconnaître à première vue, bien que sa
situation exondée l'eût singulièrement appauvri. Le rhizôme
était tout aussi épais que celui des individus sous-marins ;
les feuilles, quoique plus courtes et bien plus étroites que
celles qui se développent en pleine eau, étaient encore du
double plus larges que celles de la plante environnante, et
munies des cinq nervures qui caractérisent constamment les

feuilles du *Z. marina*. En un mot, il m'a paru démontré que ce dernier conserve ses caractères de végétation lorsque, par une rare exception, il sort de sa station naturelle et s'établit au milieu de celle de l'*angustifolia*. Il est donc bien difficile d'admettre que des plantes qui conservent leurs caractères particuliers de végétation dans des conditions aussi complètement identiques que celles de l'exemple que je viens de citer, ne soient que des variétés l'une de l'autre.

On voit, il est vrai, dans les analyses des figures que Reichenbach a données de ces deux zostères (l. c. tab. III et IV) des caractères différentiels bien suffisants, surabondants même, pour les distinguer comme espèces. Néanmoins, je n'ose formuler une opinion en ce sens avant d'avoir pu vérifier ces détails sur les deux plantes du bassin d'Arcachon. Il ne m'a pas été possible cette année de les étudier comparativement dans un même état de floraison et de fructification. Cet examen, d'où dépend la solution de la question, ne peut guère être fait utilement sur le sec, et d'ailleurs je n'ai pas rencontré un seul pied fertile de *Z. marina*, et je n'ai pas vu le fruit mûr du *Z. angustifolia*. J'ai trouvé celui-ci en fleur, le 25 Septembre dernier, au nombre de quatre à cinq pieds seulement, sans aucune trace de fruits mûrs ou de floraison antérieure, de sorte que je ne sais pas encore si les rares fleurs que j'ai rencontrées en Septembre, ne sont que des fleurs de seconde saison, comme bien des plantes en produisent en automne, ou bien si elles indiquent l'époque réelle de floraison de l'*angustifolia*. Dans ce dernier cas, nous aurions à constater une différence de plus entre les deux plantes, car le *Z. marina* fleurit au printemps.

Malgré toutes les apparences et le haut degré de probabilité qui en résulte, en l'absence d'études comparatives plus complètes, en présence surtout de l'opinion des botanistes éminents qui ne regardent le *Z. angustifolia* que comme une variété du *marina*, je demeure encore dans le doute, et je termine cette Note sans rien conclure sur la question qui en faisait le principal objet.

ZANNICHELLIA. — En inscrivant le nom de ce genre, je n'ai d'autre but que d'appeler de nouveau l'attention des botanistes bordelais sur l'une des deux espèces dont il se compose, espèce qu'on n'a pas encore rencontrée dans la Gironde ni dans les landes limitrophes, et qui pourtant ne devrait pas y manquer. Son absence sur notre littoral laisserait une lacune inexplicable dans la géographie de l'espèce ; aussi, dans une lettre adressée à M. Lespinasse, le 19 Mai dernier, M. Gay écrivait-il : « Cette plante ne peut pas ne pas se trouver dans la Gironde ».

Les longs travaux de M. Gay sur les Potamées, travaux qui vont bientôt paraître et que les botanistes attendent avec une vive impatience, l'ont conduit à ramener à deux types spécifiques seulement toutes les formes connues de *Zanni-chellia*. Toutes ces formes, et les prétendues espèces auxquelles elles ont donné lieu, viennent se ranger soit dans le *Z. brachystemon* Gay, soit dans le *Z. macrostemon* Gay ; et le *Z. palustris* L. qui n'était que l'assemblage de ces formes variées et confondait les deux espèces vraies, n'a plus de raison d'être.

Il ne m'appartient pas d'entrer plus avant dans l'histoire de ces deux plantes. Je dirai seulement que le *Z. macroste-mon* se fait remarquer par de très-longs filets et par de grosses anthères à 4 loges. Ces signes suffiront pour faire reconnaître cette espèce et la distinguer du *Z. brachystemon* dont les filets sont plus courts, les anthères moins grosses et à 2 loges seulement. Toutefois, afin de faire mieux sentir l'intérêt qui s'attacherait à la découverte chez nous du *Z. macrostemon*, j'ajouterai quelques mots sur la distribution géographique des deux espèces. Je dois ces précieux renseïgnements à l'amitié, à l'inépuisable obligeance de M. Gay, qui vient de me les adresser dans une lettre toute récente, en me permettant d'en faire usage. En voici le résumé :

Le *brachystemon* est une plante cosmopolite, répandue à la fois dans les deux mondes et dans les deux hémisphères, plutôt en dehors qu'en dedans des tropiques. Il remplit l'Europe et le bassin de la Méditerranée, mais n'a pas encore été observé en Algérie.

L'aire du *Z. macrostemon* est comparativement très-restreinte, puisqu'elle se borne à l'ouest de l'Europe, prolongé sur la régence de Tunis, l'Algérie et l'archipel canarien, trois contrées où l'autre espèce n'a pas encore été rencontrée, tandis que, partout ailleurs, le *macrostemon* a pour voisin le *brachystemon*, quelquefois dans les mêmes fossés. A l'est de son aire, il ne dépasse pas la latitude de la Provence et du Languedoc. A l'ouest, où il paraît être partout sur le littoral (et vivant indifféremment dans les eaux douces et saumâtres), il croît à Lisbonne, Bilbao, Bayonne, dans les Deux-Sèvres, la Vendée, etc., et remonte jusque dans le voisinage de Cherbourg, suivant l'exemple de beaucoup d'autres plantes méditerranéennes qui, à la faveur du climat océanique, s'avancent plus ou moins loin vers le nord, au-delà de leurs parallèles naturels.

On voit que l'illustre botaniste à qui l'on doit ces indications géographiques, a bien raison de nous demander avec tant d'instances le *Z. macrostemon* et d'écrire : Cette plante ne peut pas ne pas se trouver dans la Gironde.

Elle y a pourtant été bien cherchée, et jusqu'à présent sans succès. Il est même probable qu'elle n'existe pas dans les eaux que nous avons fouillées et où le *Z. brachystemon* a été trouvé quelquefois. Mais que sont encore les explorations très-bornées que nous avons faites auprès de celle qui restent à faire ?

La rareté du *Z. brachystemon*, si vulgaire ailleurs, dans une contrée qui pourtant lui semble si favorable, est déjà un fait assez singulier. On l'a rencontré seulement dans un petit nombre de localités aux environs de Bordeaux, et M. Comme l'a trouvé, il y a quelques années, mêlé aux deux *Ruppia*, dans les eaux très-saumâtres du Teich, là où on aurait supposé que devait croître uniquement le *macroste-mon*. Enfin, M. Lespinasse a recueilli, l'été passé, à Pompignac, un *brachystemon* qui a présenté au savant monographe des anomalies d'inflorescence fort singulières, qui seront décrites et même figurées dans le travail de l'auteur.

Potamogeton. — De tous nos genres de plantes aquatiques, le *Potamogeton* est le plus largement représenté dans la Gironde. Les recherches des dernières années ont presque doublé le nombre des espèces mentionnées dans la dernière édition de la Flore Bordelaise, et il semble que nous soyons arrivés au terme de tout ce qu'il nous était permis d'espérer. A la vue de ces richesses, j'avais conçu le projet de passer une revue complète de nos espèces, comme je l'ai fait pour le genre *Avena*, mais lorsque j'ai voulu me mettre à l'œuvre, je me suis bientôt aperçu que j'étais loin d'être en mesure de procéder à une pareille révision. Les matériaux d'étude me manquent ; je n'ai vu ces plantes en place que dans bien peu de localités, je n'ai pu observer leur végétation hibernale que sur un petit nombre d'espèces, et très-imparfaitement même dans celles-ci. Or, c'est précisément sur ce point fort curieux et peu étudié que je désirais réunir et présenter une suite d'observations. Si je parviens à en recueillir un certain nombre, elles trouveront place dans un article ultérieur.

Parmi les espèces de *Potamogeton* nouvellement découvertes dans la Gironde, il en est deux qu'on ne devait guère s'attendre d'y rencontrer, au moins l'une d'elles : c'est d'abord le *P. rufescens* Schrad., plante de l'est et du nord, qui n'avait pas été observée, que je sache, en deçà de la Loire, et, en second lieu, le *P. plantagineus* Ducr. (*P. Hornemanni* Mey.); celui-ci, un peu moins septentrional que le premier, franchit la Loire vers l'ouest, et se rapprochait déjà beaucoup de nos contrées, puisqu'il avait été vu jusque dans la Charente-Inférieure. La découverte du premier est due à M. l'abbé Revel qui la recueillit à Cestas, il y a déjà plusieurs années; celle du second appartient à un jeune botaniste bordelais dont je regrette d'ignorer le nom.

Le *P. Polygonifolius* Pourret, *Chloris Narbon.* in *Hist. et Mém. de l'Acad. roy. des Sciences, Inscript. et B. lett. de Toulouse*, III, p. 325, n.° 901 (1788) — (*P. oblongum* Viv. in *Ann. Bot.* I, p. II, p. 102 [1802]), est très-commun dans les mares de nos landes. Partout où le sol est tourbeux ou uniquement siliceux, il remplace le *P. natans*. D'ailleurs, il faut la pleine eau à celui-ci, tandis que le *polygonifolius* s'accommode parfaitement d'un limon inondé seulement pendant une partie de l'année, comme cela a lieu dans la plupart des marécages et des fossés des landes. La découverte des *PP. trichoïdes* Cham., *obtusifolius* M. K. et *acutifolius* Link est d'une date plus récente.

Enfin, l'espèce européenne la plus rare et la moins connue du genre vient d'être tout nouvellement constatée dans notre département, où, du reste, elle ne pouvait guère manquer, puisque c'est une plante tout aquitanique. Le *P. variifolius* Thore a été trouvé à Lamothe, dans la Leyre, et il existe probablement dans tout le cours de cette rivière et de ses petits affluents. Il est bien surprenant que les botanistes qui ont écrit sur la flore française se soient montrés si peu préoccupés d'une espèce pourtant si remarquable. De Candolle et M. Duby l'ont admise, il est vrai, dans la Flore Française et dans le *Botanicon;* hors de là nous ne la retrouvons plus dans les livres des auteurs que rejetée comme synonyme douteux à la suite d'espèces disparates, telles que *P. fluitans, gramineus, serratus,* etc., confusion qui prouve que ces auteurs ne connaissaient pas le *P. varii-folius* et qu'ils ne le jugeaient que d'après les descriptions fort incomplètes que nous en avons jusqu'à présent. Cependant, Koch paraît avoir eu connaissance de la plante de Thore, puisqu'il dit dans les deux éditions du *Synopsis*, à la suite du *P. fluitans:* « *P. variifolium* Thore à *P. fluitante* longè differt. » Kunth, sans prendre aucun parti, se borne à reproduire textuellement la citation précédente de Koch (*Enum. plant.* III, p. 133), mais en l'insérant à la suite de sa description du *P. lucens*, il semble vouloir rattacher le *P. variifolius* à cette espèce.

On voit que la description complète d'une plante aussi imparfaitement connue et si rare dans les herbiers, serait bien placée ici. Je m'empresserais de la donner, si l'organe le plus important à faire connaître, le fruit mûr, ne me faisait défaut. Je n'ai pu me le procurer, peut-être à cause de la saison avancée, et je n'ai sous les yeux qu'un petit nombre de fleurs tardives et mal développées. A la fin de la campagne prochaine je serai, je l'espère, en mesure de revenir sur cette belle plante.

Le temps et l'espace qui me manquent à la fois, m'obligent d'ajourner également à cette époque les Notes qui concernent quelques dicotylédonnes de notre flore.

Bordeaux, le 14 Décembre 1854.

(Extrait des Actes de la Société Linnéenne de Bordeaux; Tome XX, 1re livraison).

BORDEAUX. — IMPRIMERIE DE TH. LAFARGUE, LIBRAIRE.

www.ingramcontent.com/pod-product-compliance
Lightning Source LLC
Chambersburg PA
CBHW050617210326
41521CB00008B/1286